四季不败 旺家花草

史玉娟◎编著

吉林科学技术出版社

图书在版编目（CIP）数据

旺家花草四季不败 / 史玉娟编著. — 长春 ：吉林
科学技术出版社，2017.11
ISBN 978-7-5578-3042-7

Ⅰ．①旺… Ⅱ．①史… Ⅲ．①花卉－观赏园艺 Ⅳ.
①S68

中国版本图书馆CIP数据核字(2017)第206531号

旺家花草四季不败

WANG JIA HUACAO SIJI BU BAI

编　　著：史玉娟
出 版 人：李　梁
图书策划：周　禹
责任编辑：周　禹　王聪慧
封面设计：长春创意广告图文制作有限责任公司
制　　版：长春创意广告图文制作有限责任公司
开　　本：710 mm×1000 mm　16开
印　　张：13
印　　数：1-5 000册
字　　数：200千字
版　　次：2017年11月第1版
印　　次：2017年11月第1次印刷
出版发行：吉林科学技术出版社
社　　址：长春市人民大街4646号
邮　　编：130021
发行部电话 / 传真：0431-85635177　85651759
　　　　　　　　　　85651628　85635176
　　　　　　　　　　85600611　85652585
编辑部电话：0431-85677819
储运部电话：0431-86059116
网　　址：http://www.jlstp.com
实　　名：吉林科学技术出版社
印　　刷：吉林省创美堂印刷有限公司
书　　号：ISBN 978-7-5578-3042-7
定　　价：39.90元

现代社会快速的生活节奏，让越来越多的人开始向往生机盎然的绿色世界，拥有属于自己的一片姹紫嫣红或是青青绿叶，不仅能给我们带来美的享受，还能带给我们健康的身体。

本书是一本面向大众读者的花草养护科普图书，通过大量精美的图片和详细的说明文字，向读者介绍了如何从零开始学习养花。本书选择的花草都是市面上常见、家庭中易养的品种，对每一种植物都有详细地介绍，既有观花植物、观叶植物及部分多肉植物的详细介绍，又有花草净化空气等健康功效及旺家摆放的说明，包括花草形态、生长管理、摆放位置、花盆和介质推荐，还有花语寓意，非常全面。把当下人们关心的养护、健康、旺家等内容结合在一起奉献给读者，迎合了大众的生活追求。

"拈花惹草"的生活与众不同，既让人放慢了脚步，又能获得心灵的满足感，还可以让单调的家居环境变成一个生机勃勃、有情调的乐园。

CONTENTS

目录

Part 1 ▸

生活中的旺家花草

Part 2·
常见旺家鲜花40种

Part 3
旺家绿植的栽培

Part 4·
花开不败的栽培方法

Part 5
繁育方法

Part 6
好盆、好土、好工具

后记

索引

Part 1
生活中的旺家花草

除味！新装房的植物选择

装修房间时，所用的建材、油漆、家具等会有很多有害化学物质残留在空气中，会对人体造成伤害。有些植物专门吸收甲醛、二氧化硫、苯等化学物质。装修后，养几盆这样的植物，既可以绿化环境，还能净化室内空气。

2. 芦荟：芦荟属于多浆多肉植物，株型小，耐干旱，节省空间，而且容易养育，可以称之为懒人植物。同时，芦荟还是净化高手，对甲醛的净化功效数一

1. 大花蕙兰：大花蕙兰植株优雅、花色艳丽，放在新居能增添喜气，而且它是兰科植物，能吸收空气中的一氧化碳和甲醛，对清除装修留下的甲醛是有一定帮助的。

数二，如果每天能对植株保持4个小时以上光照，一盆中型植株可以清除每立方米空气中90%左右的甲醛，还能吸附灰尘。

3. 苏铁：苏铁的外形算是比较粗犷的，像鳞甲一样的叶片相当坚硬，因此比较适合放在面积较大的客厅中、沙发边或是玄关的高柜上。苏铁的净化作用比较全面，它对二氧化硫、过氧化氮、乙烯、氟、铅等都有净化作用。

4. 吊兰：家庭中常见的垂挂形绿植，生长很快，而且对光的需求不多，在很微弱的光线下也可以进行光合作用。吊兰对一氧化碳和甲醛有很强的清除作用，而且能吸收香烟中的尼古丁，家中有吸烟的成员可以多养几盆吊兰。

米兰

常春藤

虎皮兰

5. 米兰：米兰叶片小，花如金粟，带有幽香。米兰对二氧化硫和氯气有很好的净化作用。同时，在开花期间，它的花朵中还能释放出带有杀菌作用的精油，净化空气的同时，米兰的香气还能为室内环境增香。

6. 常春藤：常春藤与吊兰同属节省空间的垂挂植物，而且从高柜上悬垂下来，很具禅意。常春藤对苯有很强的吸附作用，装修后选几盆常春藤，能帮助清除苯等有害残留物。

7. 虎皮兰：与芦荟同属于多浆多肉植物，叶片直立刚劲，布置在客厅中会显得居室有气魄。虎皮兰对甲醛有很强大的吸附作用，在10平方米左右的房间内，放两盆中型虎皮兰，便能吸收90%左右的甲醛。

警惕！这些花不宜种在室内

1. 夹竹桃：含有夹竹桃苷，这种物质有毒，蕴含在茎、叶、花中，如果不慎将这些部分弄破，皮肤沾染到汁液，会引发皮肤瘙痒、红肿等反应。如果误食的话，可发生呕吐、腹痛、脉搏减缓、心率失常等症状。因此，不宜在居室内种植，更不要被儿童接触到。

夹竹桃

2. 夜来香：夜来香的花香浓郁，如果栽种到庭院中，可以有效驱赶蚊虫。但在夜间，光合作用停止后，夜来香会释放废气，这些废气虽然味道也是浓香的，但人长期吸入后，会产生恶心、呕吐、咳嗽、失眠等症状，因此夜来香绝对不能在室内栽种。

夜来香

13

五色梅

3. 石蒜：不适宜栽种到室内。因为它含有石蒜生物碱，全株有毒，误食会引起呕吐、腹泻，严重者会口鼻出血，抢救不及时可能会有生命危险。因此花虽美，却更适合远观。

4. 松柏：松柏有种特殊气味，偶尔闻到还觉得清新，但长久闻松柏的气味，会使人产生心烦意乱的感觉，尤其是家中有孕妇，千万不要在家里栽种松柏，会使孕妇的呕吐感增强，产生头晕目眩的感觉。

除了以上这几种植物外，万年青、马蹄莲、五色梅、水仙、南天竹、飞燕草、紫藤等植物都不宜栽种到居室中。它们有的花朵易致敏，有的球茎有剧毒。虽然像水仙、一品红、万年青这种可以在室内栽种，但最好不要被小孩子碰触到。

好看！四季室内花卉选择

在居室内摆放一成不变的绿植花卉，已经不能满足人们对美化居室的要求。根据季节不同选择应季花草，使居室更加贴合气候、贴近自然已成为人们所追求的新方向。

1.春季：迎春、海棠、蝴蝶兰、茶花

春季气温回暖、万物复苏，应季花草种类繁多，可选择的空间较大。迎春、海棠、茶花、杜鹃、蝴蝶兰等都是春季开花花卉中很好的选择。

迎春是春季开花最早的花卉，花色金黄、端庄秀丽，因为不畏寒冷、气质非凡，在春天尤其受到人们的喜爱。迎春耐寒，喜阳光，稍耐阴，耐旱但不耐涝，对外界环境要求不高，养在室内或阳台上都可以。在乍暖还寒的季节里，茶几上摆上盆栽的迎春花，为居室增添了活力。而且迎春花散发出来的挥发油有净化空气、杀菌的作用，为居室创造清爽洁净的环境。

迎春花 / 蝴蝶兰 / 海棠 / 茶花

海棠树姿优美，春花烂漫，芳香袭人，适合放置居室门厅入口处，也可以放在庭院前后，不仅明媚动人，还能增添居室春色。海棠对二氧化硫有较强的抗性，如果在阳台、窗前摆放几盆海棠，还能有效抵抗有害气体入侵。

米兰

2.夏季：茉莉、白兰、米兰

炎炎夏日，选些花卉绿植栽培，能为居室平添一份清凉。夏季花卉应以香花植物和冷色系花卉为主，如茉莉、白兰、米兰、鸢尾、八仙花等，还可搭配些观叶植物和草本花卉。

茉莉花色洁白，清香四溢，是常见庭园及盆栽观赏芳香花卉。茉莉花是阳性花卉，用盆栽点缀居室时，宜放置在向阳、通风的客厅，有利于植株的生长。

白兰叶片青翠碧绿，花朵白如皑雪，生于叶腋之间，花瓣肥厚，有浓香。白兰花喜光照充足、暖热湿润和通风良好的环境。白兰花含有芳香性挥发油、抗氧化剂和杀菌素等物质，可以美化环境、净化空气、香化居室。

夏季盆花的浇水应适当多浇一些，浇水应在清晨盆土温度较低时进行，浇水时要浇透。白天尽量不要再浇水，如果蒸发量太大，傍晚可根据盆土干燥的情况适当补浇。具体情况要根据花卉植物类型不同而确定。

3. 秋季：菊花、仙客来

秋天是丰收的季节，花卉植物都呈现出饱满的感觉。可以用菊花、仙客来等花卉配些彩叶植物，如网纹草、花叶扶桑等，还可配些草花和树桩盆景，使居室充满秋天的韵味。

仙客来

菊花品种繁多，花色丰富，花味醇清，花香怡人。菊花本身对土壤要求不高，适宜用排水良好、肥沃、疏松、含腐殖质丰富的土壤。菊花喜阴凉，忌太阳直晒。将菊花作为秋季居家装饰花卉，适当的修剪造型是必不可少的。

仙客来是盆花中的女王，花朵向下，花瓣却往上翻卷，给人的感觉就是向上开放，优雅而特别，深受人们喜爱。仙客来性喜阳光充足和湿润、凉爽的环境，但惧怕湿涝。盆栽仙客来需要疏松透气、排水良好的微酸性土壤。因仙客来株型美观、别致，花开茂盛，颜色艳丽，适宜点缀几架、书桌等地方。同时，它对空气中的有毒气体二氧化硫有较强的吸收能力，能够吸收二氧化硫，净化空气，是不可多得的家庭装饰植物。

4. 冬季：香雪兰、水仙、瓜叶菊

冬季气候较为寒冷，不是所有植物都能平安越冬。冬季的时令花卉有香雪兰、水仙、瓜叶菊等。

香雪兰为秋植球根花卉，冬春开花，花有白、黄、粉、桃红、雪青、蓝紫诸色及复色，色彩丰富。香雪兰玲珑清秀，香气浓郁，开花期长，是人们最喜欢点缀客厅、书房的理想盆花。更为突出的是，它的花期可任意调节在春节前后，为节日增添气氛。除装饰作用外，香雪兰的香味还有镇定神经、消除疲劳、促进睡眠的作用。

瓜叶菊

在寒冷冬季，水仙是最有情调的花，由于其形态优美，亭亭玉立，有凌波仙子的美誉。白色花瓣中黄色花蕊尽现，并饱含金色副冠，形如盏状，因此也叫"金盏玉台"。水仙喜温暖、湿润的环境，喜光，较耐寒，喜疏松肥沃的栽培基质。水培水仙不需要任何的肥料，白天需拿到室外晒太阳，花蕾出来的时候，要移到清凉的地方，避免阳光直射。在室内放置时，要远离热源，可以放置在向阳的窗台，枝叶细长挺拔，翠绿可人，增添了生机与活力。

水仙

绿植点缀我的家，每天快乐心情佳

1.确定植物的属性

由于夜间植物呼吸作用旺盛，吸入氧气，放出二氧化碳，因此卧室内不宜放过多的植物。卫生间、书房、客厅、厨房的装修材料不同，污染物质也不同，应该根据环境，选择不同数量、不同净化功能的植物。

2.确保植物不影响人居活动

配置植物首先应着眼于装饰美，数量不宜过多，否则不仅杂乱，生长状况亦会不佳。植物的选择须注意中小搭配。此外，植物应靠角落放置，以不妨碍人们走动为宜。

风信子

3.确保植物不影响采光

客厅是家中功能最多的一个地方，朋友聚会、休闲小憩、观看电视等都在这里进行，是一个非常重要的活动空间。客厅光线充足，所以客厅的阳台处尽量避免摆放太多浓密的盆栽，以免遮挡阳光，明亮的客厅能使家运旺盛。

4.确保植物与居室空间协调

豪华客厅可以在茶几上摆放一盆苏铁(铁树)。它枝叶浓绿，带有光泽，挺拔伟岸，给人一种古朴典雅之感。沙发的一侧，配上一盆龟背竹，让客厅增添生机。

5.结合环境特点选择植物

在厨房里因为烹饪过程产生的油烟中，除一氧化碳、二氧化碳和颗粒物外，还会有丙烯醛、环芳烃等有机物质溢出。其中丙烯醛会引发咽喉疼痛、眼睛干涩、乏力等症状。过量的环芳烃会导致细胞突变，诱发癌症。为了让烹饪者的身心更健康，厨房绿化迫在眉睫。

小贴士

观叶植物最好放置在客厅里。若植物似枯萎样时，表示栽种能源不足，最好是在客厅中摆放至少一株1.8米的观叶植物，至少3盆小型盆栽。

小贴士

简约客厅则适合在茶几上摆放一盆名贵的君子兰花卉。君子兰叶色浓绿宽厚，花朵鲜艳，但不娇媚，给人以端庄大方之感。

小贴士

风信子的小花束，适合放在厨柜上或者餐桌上，别有一番生活情趣，同时还能起到一定的净化空气的作用。吊兰和绿萝都有较强的净化空气、驱赶蚊虫等功效，是厨房和冰箱上放置植物的理想选择。

居家迷你小花园，组合盆栽添乐趣

在用盆栽装点居室时，如果觉得普通盆栽有些单调，可以尝试组合盆栽。通过艺术配置，将多种观赏植物搭配组栽来表现美感，营造一个居家"迷你小花园"。

组合盆栽基本元素

组合盆栽，包含植栽、容器、介质与装饰物（配件）四个基本元素。

仙人掌类植物混栽

袖珍椰子与椒草的混栽

1. 美丽的花草：在选择组合盆栽植物时，只要花盆里能够种下的植物都可以利用，但要选择喜恶光性、耐旱性、生长发育习性相似，花期一致的植物进行组合。除了草花外，木本花卉、观叶植物等，都是组合盆栽可以利用的植物类型，要保证每种植物必须无病虫害，且生长发育健壮。为了延长观赏期，尽量选择较小的植株。

2. 观赏性好的花盆：虽然组合盆栽的重点是主栽植物，但观赏性好的花盆也能增添主栽植物的光彩，特别是大型花盆，一旦定植好，很难移动，要根据放置场所的空间大小，周围的环境，选择好花盆的形状、大小和花盆的材料。

3. 栽培介质：介质为盆栽植物生长提供良好的基础，选择介质时要考虑介质的保水性、透水性及通气性，同时还要注意其安全性。组合盆栽常用的介质包括泥炭土、珍珠岩、树皮、碎石材、壤土等。

4. 可爱装饰物：除了单纯的用植物来做组合盆栽以外，配上可爱的小饰品也是非常招人喜欢的。组合盆栽的装饰物包罗万象，举凡枯木、石材、玩偶、动物饰品、贝壳、玻璃、造型饰品皆可成为组合盆栽的装饰物，选择时注意过与不及之间的拿捏掌握，不能喧宾夺主。

蝴蝶兰、袖珍叶子、凤尾蕨等植物混栽

风格各异的组合盆栽

1. 多肉植物组合盆栽：耐旱的多肉植物种类众多，非常好打理。将沙子和细砾混合在土壤中，保持土壤的排水性，为多肉植物提供更好的生长条件。再挑选一些生长习性相仿的品种栽入其中，选一两株能垂盆的品种增添层次感，在里面加入适当装饰物进一步增添了趣味感。

2. 清凉水景组合盆栽：以水生植物为素材来制作组合盆栽也是很好的创意，将水生植物错落种植在陶瓷或玻璃器皿中，马上便能营造出宁静的感觉。若用些玻璃装饰铺在盆器表面来增添清凉感，或点缀一颗水晶球增加亮点，都可以为盆栽增色。

3. 素雅小花组合盆栽：色彩的搭配是打造这个组合盆栽的诀窍。彩色花盆配上白色、粉色或紫色调的开花植物，清新又充满活力。到了晚上，可以增加几只蜡烛杯，插在花盆里或花园小径旁，不仅能起到照明作用，更添加了浪漫情调。

4. 香草组合盆栽：香草类植物种类繁多，薰衣草、罗勒、薄荷、迷迭香、小苍兰等让人目不暇接。可以选择喜爱的种类，用编制篮做容器，别有一番趣味。种植前，最好在篮筐的底部铺一层防水层，也可以直接把带盆的植物放入篮筐里。

多肉植物混栽

壁挂与垂吊绿植的乐趣

壁挂式和垂吊式是区别于一般陈列式的装饰方式，根据植物的形态、大小、色彩及生态习性，以及居室空间的大小、光线的强弱等条件陈列绿植，使之呈现出"占天不占地"的装饰效果，居室空间也因而呈现出更加生动的立体感。

壁挂与垂吊绿植的优势

1. 节约与丰富空间。一般来说，壁挂与垂吊植物是最省空间的绿植，这类绿植枝叶下垂、姿态可爱，通常放置在隔物板、窗前、墙角或墙壁上，不占用地面空间。客厅和餐厅等室内某些区域需要分割时，也可以运用垂吊植物将其分为不同区域，使室内空间分割合理、协调、而且实用。

2. 营造活泼气氛。结合居室内天花板、灯具，在窗前、墙角、家具旁吊放垂吊植物；或者在墙壁上通过设置壁洞、砌种植槽、设立支架等方式放置壁挂绿植，可改善室内人工建筑的生硬线条造成的枯燥单调感，营造生动活泼的空间立体美感，还能起到遮丑的作用。

放在铁艺支架上的垂吊植物

壁挂式花盆栽种的天竺葵

适合壁挂与垂吊绿植的空间

一般来说，壁挂与垂吊绿植没有特定的摆放范围，根据植物习性及居室条件可以灵活放置，但居室内有些地方由于其特殊的环境，尤为适合用壁挂与垂吊绿植来装点。

1. 浴室适合放置壁挂与垂吊植物。浴室空间较小、杂物较多，摆放任何花卉植物都会显得凌乱拥挤，但壁挂与垂吊绿植可以很好的避免这一问题。靠浴室门边的墙壁，或是卫生间窗户的边角，都可以挂上植物，不占用太多空间，便可以使浴室得到有效绿化。

2. 玄关各处适合放置壁挂与垂吊植物。如果居室的玄关比较狭小，也可以考虑用壁挂与垂吊绿植来装点。在玄关柜顶上或玄关墙上可以放置或吊挂绿萝、吊兰、千年木等色彩清淡又比较耐阴的植物。既不占空间，又阻挡尘埃细菌、美化环境，让整个居室看起来更清爽。

垂吊式花盆栽种的口红花

常见壁挂与垂吊绿植

1. 吊兰：吊兰是多年生草本植物，植株丛状翠绿，茎叶在盆外四周垂挂，绚丽多姿，宛如绿色灯笼悬垂。吊兰不仅是居室内极佳的垂吊绿植，也是一种良好的室内空气净化花卉，能吸收一氧化碳、过氧化氮、甲醛等有害气体，是装修后的室内"负离子"净化器。

吊兰

2. 千年木：千年木叶丛生，呈伞状，披针椭圆形或长圆形，叶色斑斓、多变。千年木植株形态美观，色彩华丽，略显高雅，尤其适合摆放在玄关，不仅端庄整齐，还能赏心悦目。叶片与根部能吸收二甲苯、甲苯、三氯乙烯、苯和甲醛等有毒气体，并进行分解。

3. 蕨类植物：蕨类植物叶轴略下垂、羽片嫩绿色，婀娜多姿，极为秀丽，适合挂于室内高于视线处。由于蕨类植物耐阴且喜湿好高温，放在浴室也很合适。可用珍珠岩、蛭石等做栽培基质，灌溉营养液，清洁卫生。

千年木

壁挂式花盆中栽种的蕨类植物

香草，嗅觉、视觉和味觉的欢喜体验

香草，是芳香植物的别称，无论是在咖啡馆，还是在居室，看着某种香草，嗅着它们发出来的淡淡味道，总有一种沁人心脾的诱惑。薰衣草、迷迭香、百里香、藿香、香茅、薄荷、罗勒等是香草的著名品种。

香草的用途

1. 有时候我们虽在居室绿化上花足了功夫，但却忽略了香气的意境。在居室内种植一些香草，不仅能够散发香气，还可以改善室内空气，让整个居室清新宜人。还有一些香草，如驱蚊草，能解决恼人的蚊虫骚扰问题。

薄荷

2. 香草不仅可以用来观赏，也可以入菜、做配料、配置茶饮等，比如薄荷、蒲公英等，用开水焯一下，然后调以食盐、糖、油等，即可食用；罗勒、鼠尾草、薄荷、迷迭香等，有添香去腥的作用。

3. 香草类植物本身有很多药用成分，能够调节人的情绪和免疫力，美容健身。香草类植物可以通过熏香、泡浴、喷雾等方式，自己在家DIY。但孕妇、婴儿、过敏体质的人尽量避免接触香草类植物。

薰衣草

香草的种植

1. 播种：种植香草对器皿要求不高，可以用比较矮小的花盆，也可以用其他容器代替。最好选用由腐质土、珍珠岩、蛭石组成的轻质土，透气性好，保水性好，松散。在播种时，一般种子稍大些的如熏衣草、鼠尾草，可以每个容器里点播2~3粒。发芽后视小苗生长状况留一株较强壮的。种子细小的如马约兰，可以撒播，用手沾一些种子，轻轻撒在土上，之后再覆土。

香雪球

2. 管理：香草需要充足光照，最好放在阳台上，不要放在室内。浇水要浇透，盆底要有水流出。长势良好的香草会因为长得太高而易倒伏，这时需要重新扦插。香草老化速度较快，如果不注意舍弃老化的部分，香草容易没有生命力。在收获或修剪时，不要一次剪太多，以免刺激太大新芽长不出来。

小贴士

种植香草一般不用担心虫害，它们挥发的物质可以避免虫害骚扰。但还是有一些害虫照样会啃食叶片，如罗勒的某些品种会有夜盗虫，此时尽量不要用农药除虫，宁可费一点心力以手抓除，或用防虫网罩住隔离。

病害的预防方法是不要使用栽培过的旧土去种香草，因为内藏的病原菌会成为感染源，另外就是在合适的环境或季节栽培香草，强壮的植株自然可抵抗病害的侵袭。

山水盆景，只为懂艺术的你

山水盆景是以观赏岩石为主的一类盆景，人们会在山石上种植一些文竹、苔藓、米兰、杜鹃等造型优美的植物来增强盆景的真实感、协调重心、分隔层次，使盆景更有生命力。山水盆景的养护，主要就是对盆中这些植物的养护。由于山水盆景一般用盆极浅、用土很少，植物根系发展受到限制，若是管理不当，极易造成植物的干枯。因此必须细心地养护，才能得到最好的观赏效果。

植物盆景

摆放环境有讲究

山水盆景中植物的趋光性不同，其需要的光照条件也会有很大差异，要注意根据其趋光性来确定养护方式。

如果山石上栽种的是米兰、石榴、六月雪、龙柏等喜光植物，应摆在通风良好、阳光充足的地方，夏季要注意适当的遮阴；如果所栽植物是茶花、兰花、五针松、文竹、杜鹃等半阴性的植物，春、夏、秋三季尽量放在室外阴棚、树荫，或通风良好的室内养护，让植物接受散光照射。山石上的青苔也怕日晒，要避免强光，使之保持翠绿。

浇水方式需注意

不论哪种植物，不论在什么环境下，最为关键的还是要多给盆中的植物喷水，保持土壤和环境的湿度，尤其是在干燥多风的春、夏季节，更要注意保证空气的湿度，否则很容易造成新枝干尖、老枝焦边。

浇水时要注意方式，建议采用喷浇或喷雾的方法，浇水时水流要细慢，过猛的水势会冲走土壤。旱石盆景要每天多次向石山植物喷水，以保持湿润；水石盆景则要及时向盆内添水，以保持水量均衡。即使是没有点缀植物的彩色硬石和吸水石也要经常喷水，以冲洗山石表面的灰尘，同时使山石增色。

另外盆中的水也要经常更换，并将盆器清洗干净，保持清洁，以增加盆景的整体观赏效果。

薄肥勤施巧养护

由于盆浅土少，山水盆景中植物生长所需营养受到限制，很容易出现缺乏养分的现象，所以日常养护中的施肥工作尤为重要。可以配置一些稀薄的营养液，坚持薄肥勤施的原则，每半月左右给植物根部追施一次营养液。如果植物的土壤过少，还可以随时补加新土。补土时注意不要弄污了山石的其他部位。

小贴士

山水盆景大多会生长有苔藓植物，养护得当的话，苔藓的生长速度会很快，容易遮挡住山石原有的纹理，影响其观赏性。这时就需要及时清理，刮掉一些不必要的苔藓，保持原有清晰的石貌。山石上所长的其他植物也要经常进行修剪，防止枝叶徒长。

搬动山水盆景时抓住主要部分，小心轻放，以防断裂。特别要注意保护山石底部，以防损坏。

插花，技艺和自然的完美结合

插花的色彩配置，既是对自然的写真，又是对自然的夸张。恰当的颜色搭配也是让插花更加艺术，更具美感的主要因素，这包括花朵本身的颜色搭配，花朵与容器的颜色搭配。只有相互协调、均衡的花色搭配，才能使插花作品更富有艺术气息，为居室增添设计元素。

确定主色调

插花在主色调的选择上，要以适合居室环境为原则。比如客厅是整个居室最聚集人气的地方，可以选择浓重温暖的色调，以增添热闹之气。红色的红掌、粉色的百合、紫色的蝴蝶兰等就是比较适合的选择，可以配合浅淡的单色系，如米色的大花瓶，能让客厅更有朝气，更饱满。

卧室插花则不宜过多，可以选择比较温馨的色调，一两支浅粉色的非洲菊，插在白色或者淡黄色的杯子里，既不会太过浮华，也不会过于单调。书房插花可以选择明快洁净的中性色调，也可以直接用一簇绿叶，配合颜色多变的小花瓶，能够让人眼前一亮，身心放松。

插花

主次花色要分明

插花颜色搭配的主要原则就是一种花卉为主，一种颜色为主，另外一种植物作为搭配，主次分明。每件作品花色不宜过多，1~3种花色相配最好，否则易产生眼花缭乱的感觉。最好选择一种花卉作为主色调，如红色玫瑰，然后配上掺杂着白色的满天星，这就能显得更加突出。

以菊花为主的插花

各种花色相呼应

一般花色搭配不宜用对比强烈的颜色，否则虽鲜艳活泼，但感觉刺眼，应在它们之间插些复色的花材或绿色，起到缓冲作用；不同花色相邻之间应互有穿插和呼应，避免孤立和生硬的感觉。

花色与花器颜色相搭配

除了考虑花朵间色彩的搭配，花朵与花器颜色的搭配也很重要。比如暗色陶罐，可以搭配大丽花等鲜艳的花卉，不要使花器的颜色掩盖了花卉的颜色，这样才能更好地凸显花卉本身的风采。如浅蓝色陶瓷瓶可以搭配低矮密集的雏菊，相互辉映，显现娇柔之美；如果花器表面已经装饰有花纹，可以搭配单色系的花卉，如淡雅的翠菊，可尽显其优雅，不会产生元素过多的凌乱感。

花草装点节日，增添美满气氛

鲜花在不知不觉中，已经成为了我们生活中不可缺少的一部分。走亲访友、生日、婚礼等都少不了鲜花的存在，它们既可以表达情感、烘托气氛，又显得高雅脱俗。时逢节日，它们立体活跃的景象不仅能为居家布置增添活力，还会为节日、假期增添更浓的气氛，其缤纷的外观比起家中摆放的普通绿叶植物，更能够提升家庭品味。所以，怎样更好地用鲜花烘衬节日气氛，也是需要关注与学习的。

鹤望兰

1. 春节是我国的传统节日，而且是春天将要到来的象征，因而一般选择能增添喜庆，尽显典雅豪华气氛的鲜花。

大花蕙兰：大花蕙兰花期长，春节期间正是盛放的时候，花朵大、色彩鲜艳，放在室内非常有气派。

茶花：茶花树冠优美，叶色亮绿，花朵颜色艳丽，花期长，开花时间多半在元旦、春节，用来点缀客室、书房和阳台也非常合适。

蝴蝶兰：蝴蝶兰姿态优雅、花色繁多，成为春节期间点缀节日气氛的不错选择。

迎春花：春节期间在客厅茶几上摆放插好的或者盆栽的迎春花，可以让亲朋好友感受到家的温暖，并且在寒冷的季节增添家居的活力。

2. 鲜花在情人节的重要性不言而喻，不仅可以用大束的玫瑰向爱人表达爱意，也可以用鲜花布置一个极美的情人节家居，烘衬出更好的节日气氛。除玫瑰外，也可选择花色繁多的剑兰，无论单独摆放还是搭配其他花卉都会表现得风韵不凡；或者用一束花形独特优美的郁金香装饰烛光晚餐的餐桌，既能体现出空间的高贵优雅，又能带来节日的喜悦气氛。

3. 母亲节用花常以大朵粉色的香石竹为主，粉色是女性的颜色，香石竹的层层花瓣代表母亲对子女绵绵不断的感情。各色康乃馨也传达着祝愿母亲健康长寿、永远美丽年轻的美好心愿；凌霄花寓意慈母之爱，经常与冬青、樱草放在一起，表达对母亲的热爱之情。在送花时，既可送单支，也可送数支组成的花束，或设计成造型优美别致的插花。

除上面所介绍的节日花卉，在结婚场合常用百合、玫瑰、并蒂莲、香雪兰等花卉妆点，传达"百年好合""相亲相爱"的美好寓意；为老人举办寿宴时可用万年青、龟背竹、鹤望兰等烘衬居家气氛，以祝贺老人健康长寿。

花草赠礼的礼仪与技巧

根据节日送花

1. 春节：牡丹、兰花、杜鹃、金橘、蒲包花、瓜叶菊、报春花、火鹤等，寓意吉祥欢庆、红红火火。

2. 元宵节：火鹤花、摆火鹤、挂灯笼，寓意火树银花、喜庆祥和。

3. 情人节：玫瑰、郁金香。红玫瑰是情人节的专利，最能表现对恋人的爱慕之心。

4. 母亲节：康乃馨、蝴蝶兰。康乃馨是母爱之花，蝴蝶兰是圣洁之花，最能体现对母亲的爱。

5. 端午节：茉莉，有些地方以送茉莉来纪念屈原。

非洲菊

蒲包花

6. 儿童节：满天星、非洲菊、小金鱼草，寓意孩子们能无忧无虑，快乐度过童年。

7. 父亲节：君子兰、向日葵、文心兰，这些花卉送给父亲以表达对父亲辛劳养家的感谢之情。

8. 中秋节：百合、菊花等，寓意丰收喜庆、合家团圆。

9. 元旦：大丽花、百合、月季花等，最好花色都是红色的，表达鸿运当头、喜庆吉祥的气氛。

根据场合送花

1. 公司开业：一品红、发财树、金钱树等，寓意生意兴隆、日进斗金。

2. 迎接朋友：月季花、马蹄莲，表示热情好客。

3. 探望病人：剑兰、淡雅颜色的马蹄莲和康乃馨等，祝愿早日康复。

4. 祝贺新婚：红玫瑰、百合、牡丹等，表示幸福美满。

5. 送给长辈：长寿花、大丽花都可以，表示祝福身体康健、长命百岁。

Part 2
常见旺家鲜花 40 种

茶 花

 喜肥　 喜湿　 散射光　 微酸性土壤

旺家摆放　　茶花在冬春之际开花，花姿绰约，花色非常鲜艳，为传统的观赏花卉之一，适合摆放在阳台、客厅、书房，雅俗共赏。

中国是茶花的原产地，早在南北朝时就已有栽培，如今，我国已有茶花品种300余种。关于茶花还有个美丽的传说，据说有一位勤劳善良的女子，她酷爱花草，栽种了很多花草植物。偶然一次，她到潭水边挑水浇花，看到水面上映着一株九蕊十八瓣的花，她看呆了。为了这美丽的花，女子大病不起，在病重时，突然出现一个姑娘，给她送来了漂亮的花苗，那姑娘告诉她说，这花叫茶花。于是，女子的病很快好了，她将花苗精心培育，就变成了我们现在的茶花。

花　　语：理想的爱、谦让。

别　　称：冷胭脂、洋茶、晚山茶。

形　　态：叶革质、倒卵形、互生、深绿色，叶边缘有锯齿。花朵簇生于枝梢顶端或叶腋间，有单瓣、重瓣之分，花色有红、白、粉红及复色等。

自然花期：2~3月。

适宜温度：15~25℃，高于35℃会灼伤叶片，低于10℃易发生冻伤。

花盆推荐：陶盆、瓦盆。

介质推荐：将腐叶土、菜园土和河沙按照5：3：2的比例配制。

生长管理	一月	二月	三月	四月	五月	六月	七月	八月	九月	十月	十一月	十二月
施肥（薄肥勤施）	磷酸二氢钾，1次	不施肥		稀薄腐熟的豆饼水、麻渣水，每隔两周1次		鱼腥水、磷酸二氢钾，每月1~2次		不施肥	氮磷混合肥，1次			鱼腥水，1次
浇水（雨水、池塘水最佳）	每周浇水1~2次	每周浇水2~3次	每天浇水1次		每2天浇水1次	每天浇水1次，干燥时向叶片喷水				每2天浇水1次		每周浇水1~2次
光照	向阳处					遮阴，忌强光直射				向阳处		
繁育				嫁接	扦插				扦插			

杜 鹃

 喜肥　 喜湿　 散射光　 微酸性土壤

旺家摆放

　　杜鹃花的种类非常多，花色绚丽，无论是花，还是叶子，都具有很高的观赏价值，可以摆放在有散射光的客厅、书房、阳台，以增添居室的生机和活力。

我国是杜鹃花的原产地之一，云南最多。关于杜鹃有个极其凄美的典故。据说蜀国国君望帝杜宇，被人杀害变成了杜鹃鸟。杜鹃鸟觉得自己死得冤枉，就日日夜夜哀啼，不到吐血啼声不止。每到清明节时，杜鹃鸟声声哀啼，而此时火红的杜鹃花也漫山遍野开放，人们便说那花是杜鹃鸟吐血染红的，因此便有了"杜鹃啼处血成花"的诗句。

花　　语： 爱的喜悦。

别　　称： 映山红、山石榴、山踯躅、照山红。

形　　态： 叶革质，聚集在枝端生长，卵形、椭圆或者倒卵形。叶深绿色，边缘微微反卷，有细齿。花芽卵球形，2～6朵簇生于枝顶。花冠漏斗形，花色有鲜红色、暗红色、玫瑰色等。

自然花期： 4～5月。

适宜温度： 15～20℃，高于30℃或者低于5℃都会停止生长。

花盆推荐： 泥盆或者紫砂盆。

介质推荐： 将腐叶土、沙土、园土按照7：2：1的比例配制，可以加入饼肥、厩肥等。

生长管理	一月	二月	三月	四月	五月	六月	七月	八月	九月	十月	十一月	十二月
施肥（薄肥勤施）	不施肥		10天施1次			淘米水、洗肉水			1次磷钾肥		1次干肥	不施肥
浇水（雨水、池塘水最佳）	每周浇水1～2次		每天浇水1次			每天浇水2次，保持土壤湿润		每天浇水1次	每2天浇水1次		每周浇水1～2次	
光照	室内阳光充足处			室外遮阴处，避免阳光直射					室内阳光充足处			
繁育			嫁接		扦插		嫁接					

月季花

 喜肥 微湿 喜光 微酸性土壤

旺家摆放 　　月季花花期长，造型多样，层次分明，在效果上给人耳目一新的感觉，可制成盆景，做切花、花篮、花束等，置于阳光充足、通风的阳台、走廊，具有很高的观赏性，还能提升品味。

月季花原产于我国，至今已有两千多年的栽培历史。月季花四季开花不断，即便在冰雪萧瑟的寒冬，室内的月季花也会花开旺盛。宋代诗人杨万里曾有名句赞扬月季花：“只道花无十日红，此花无日不春风。”“别有香超桃李外，更同梅斗雪霜中。”

花　　语：幸福、希望、光荣、美艳常新。

别　　称：月月红、长春花、四季花。

形　　态：一年四季常绿，叶互生，羽状，宽卵至卵状椭圆形，边缘有锯齿。花朵簇生或者单生。花瓣重瓣，深红色、粉红色、稀白色、黄色等。

自然花期：4~10月。

适宜温度：15~26℃。

花盆推荐：泥盆、陶盆、塑料盆等。

介质推荐：将壤土、腐叶土、腐熟粪、沙土，按照5:2:2:1的比例配制，可以加入少量菜饼。

生长管理	一月	二月	三月	四月	五月	六月	七月	八月	九月	十月	十一月	十二月
施肥	施1次基础肥	不施肥	施1次化肥，助催芽	每10天施1次薄肥，可以用豆饼、禽粪用水浸泡发酵后掺水施肥							不施肥	施1次基础肥
浇水（雨水、池塘水最佳）	每周浇水1~2次		每2天浇水1次	每天浇水1次	每天浇水2次，保持盆土湿润，高温时每天向叶面早晚喷水1次					每天浇水1次	每2天浇水1次	每周浇水1~2次
光照	向阳处			室外散射光处							室内向阳处	
繁育				绿枝扦插				梗枝扦插				嫁接

康乃馨

 喜肥　 耐旱　 散射光　 中性土壤

旺家
摆放　　　康乃馨花多美艳，花瓣紧凑，并且不容易凋谢，姿态高雅别致，无论是作为切花或者盆栽，都是非常优质的居室配置，可以摆放在阳光较为充足的客厅、阳台、书房等处，增添温馨、美好的气息。

我们都知道康乃馨是母亲节时送给母亲的花，但你知道这其中的原因吗？

1934年5月，美国首次发行母亲节邮票，邮票的图案是一位慈祥的母亲凝视花瓶中的石竹，于是后来约定俗成地将母亲节与石竹联系到一起，每到母亲节，送给母亲红色的石竹。对于母亲已逝的人，则佩戴白色石竹，石竹也就是我们所说的康乃馨。

花　　语： 爱、魅力、尊敬之情。

别　　称： 原名：香石竹，又名狮头石竹、麝香石竹、大花石竹、荷兰石竹。

形　　态： 茎叶比较粗壮，披有白粉。聚伞花序，单瓣或者重瓣，花瓣不规则，边缘有锯齿，开红色、粉色、黄色、白色花。

自然花期： 4~9月。

适宜温度： 19~21℃。夏季气温不要高于35℃，冬季低于9℃，会停止生长。

花盆推荐： 泥盆、陶盆、紫砂盆。

介质推荐： 可以将园土、砻糠灰或沙子按照3∶4的比例配制。

生长管理	一月	二月	三月	四月	五月	六月	七月	八月	九月	十月	十一月	十二月
施肥（薄肥勤施）	不施肥		施足量的骨粉	每15天施1次稀薄腐熟的麻渣水						施1次稀薄液肥	不施肥	
浇水（雨水、池塘水最佳）	每月浇水1~2次		不浇水，雨天注意排水	晴天每天浇水1次，雨天不浇水						每月浇水1~2次		
光照	向阳处					遮光、避免烈日暴晒			向阳处			
繁育	扦插											扦插

37

大花蕙兰

 喜肥　 喜湿　 散射光　 中性土壤

旺家摆放

　　大花蕙兰植株较大，花茎直立或下垂，花姿优美，摆放在室内花架、阳台、窗台，都能显得典雅豪华，品位高，并且韵味十足，惹人注目。

花　　语：茂盛祥和、雍容华贵。

别　　称：喜姆比兰、蝉兰。

形　　态：叶片呈两列排列，长披针形。根据品种不同，叶片长度以及宽度各有不同。在强光影响下，叶色会由黄绿色变至深绿色。根系较为发达，圆柱状。花被6片，外轮3枚为萼片，内轮为花瓣，下方的花瓣特化为唇瓣，花形较大，有白色、黄色、绿色、紫色花。

自然花期：10月至翌年4月。

适宜温度：10～25℃，冬季温度不要低于5℃，容易发生冻伤，也不要高于15℃，会使得花芽徒长，影响开花。

花盆推荐：泥盆、陶盆。

介质推荐：可以用蛭石、碎砖砾种植。

生长管理	一月	二月	三月	四月	五月	六月	七月	八月	九月	十月	十一月	十二月
施肥（薄肥勤施）	停止施肥		施1～2次稀薄腐熟的饼肥水		每周施1次复合液肥，选择含氮较多的肥料					施1～2次有机肥，含磷钾较多的肥料		停止施肥
浇水（雨水、池塘水最佳）	隔3～5天浇水1次，早上时间最佳		每天浇水1次			每天8点前与傍晚5点后各浇1次水，同时向叶面喷水1次				每2天浇水1次		3～5天早上浇水1次
光照	向阳处，增加光照		向阳处			适当遮光				向阳处，增加光照		
繁育										组培	组培	

白千层 微肥 微湿 喜光 中性偏微酸性土壤

旺家摆放 　　白千层树姿优美整齐，叶浓密，盆栽观赏价值极高，可以摆放在向阳的书房、客厅、窗台等处，增添朴素之意。

40

花　　语： 宽容大度、朴素大方。

别　　称： 脱皮树、千层皮、玉蝴蝶。

形　　态： 树冠椭状圆锥形。树皮一层层仿佛即将脱落状。单叶互生，有时对生，叶片狭椭圆形或披针形。花瓣呈阔卵圆形，较为密集，乳白色。

自然花期： 1~2月。

适宜温度： 25~28℃，冬季温度不要低于5℃，以免冻伤。

花盆推荐： 泥盆、陶盆等。

介质推荐： 一般园土加少量沙土即可。

生长管理	一月	二月	三月	四月	五月	六月	七月	八月	九月	十月	十一月	十二月
施肥	不施肥		施1次有机肥	每10天喷施1次稀薄腐熟麻渣水			施1次有机肥			不施肥		
浇水（雨水、池塘水最佳）	15天浇水1次		每周浇水2~3次	每天浇水1次，雨天可以不浇水		早晚各浇水1次，阴雨天需要注意排水			每周浇水2~3次	每周浇水1次		15天浇水1次
光照	向阳处			向阳处，适当遮阴						光线明亮处		
繁育			播种									

百日菊

 喜肥　 耐旱　 喜光　 中性偏微酸性土壤

旺家摆放

　　百日菊花大色艳，开花早，花期长，株型美观，适合摆放在全日照的书房、阳台、窗台，增添居室活力。

花　　语：想念远方的朋友、天长地久。

别　　称：百日草、步步高、对叶菊、秋罗、火球花。

形　　态：叶片呈宽卵圆形或长椭圆形，两面都较为粗糙。头状花序，单生于枝端。品种不同，花色也不一样。管状花呈黄色或者橙色；舌状花，呈深红色、玫瑰色、紫色或者白色。

自然花期：6~10月。

适宜温度：15~30℃，高温不要超过35℃。

花盆推荐：泥盆、陶盆。

介质推荐：可以将腐叶土、河沙、泥炭、珍珠岩按2：1：2：2的比例配制。

生长管理	一月	二月	三月	四月	五月	六月	七月	八月	九月	十月	十一月	十二月
施肥（薄肥勤施）	不施肥		定植时施足盆底肥		每周施2~3次稀薄腐熟饼肥水，还可以补充1次钙肥。摘心后可以增加磷钾肥				花谢后，追施肥2次，以磷、钾肥为主			不施肥
浇水	每周浇水1~2次		每2天浇水1次，阴雨天不要浇水		每天浇水1次，阴雨天需要注意排水				每2天浇水1次		每周浇水1~2次	
光照	向阳处，全日照，幼苗需遮光					全日照			向阳处，全日照			
繁育					播种							

43

非洲紫罗兰

喜肥　　耐旱　　喜半阴　　中性偏微酸性土壤

旺家摆放

非洲紫罗兰植株较为矮小，四季均可开花，花形俊俏雅致，花色绚丽多彩，并且花期长、较耐阴，株形小而美观，可以摆放在窗台、客厅的茶几上，有很好的点缀装饰作用，是优良的室内花卉。

44

花　　语： 亲切繁茂、永远美丽。

别　　称： 非洲堇、非洲苦苣苔、非洲紫苣苔、圣保罗花。

形　　态： 叶片为圆形或卵圆形，稍肉质，背面带紫色。全株有毛，1~6朵花簇生在有长柄的聚伞花序上。花有短筒，花色呈白色、紫色、淡紫色和粉色，新品种还有黄色、橙色等花色。

自然花期： 3~10月。

适宜温度： 18~26℃，温度不能高于35℃，不要低于10℃。

花盆推荐： 瓦盆、陶盆。

介质推荐： 将纯珍珠岩、泥炭、腐叶土按照1：1：1的比例配制。

生长管理	一月	二月	三月	四月	五月	六月	七月	八月	九月	十月	十一月	十二月
施肥（薄肥勤施）	每月补充液肥1次		每月追肥1次，可用氮、钾含量较高的肥料		每半月施1次液肥，可以用氮肥成分较高的肥料						停止施肥	
浇水（雨水、池塘水最佳）	每周1次		每周浇水1~2次，实时观察植株状况，如果叶片出现萎缩，或者介质表层干燥时，要及时补充水分			可以2天浇水1次，温度较高时，可以向叶片喷水			每周浇水1~2次，视植株状况而定		每周1次	
光照	向阳处，日照不足可人工补光					光线太强时，适当遮阳			向阳处，日照不足可人工补光			
繁育			播种			扦插			播种	扦插		

红 掌

微肥　　喜湿　　喜半阴　　中性土壤

　　其花朵独特，有火焰花序，色泽鲜艳华丽，色彩丰富，风姿楚楚，给人以明快、热烈的感觉。切花水养花开可长达一个半月，切叶可做插花的配叶，盆栽可以摆放在通风良好的客厅、书房、阳台。

红掌原产于哥伦比亚，我们经常将红掌与火鹤花混淆，因为他们的颜色、苞片形状都很类似，但它们的确是不同品种的花。红掌苞片比较平整，前端有个小尖，火鹤苞片向下卷起；红掌花序呈淡黄色，火鹤花序呈红色。

花　　语: 天长地久、大展宏图。

别　　称: 原名：花烛，又名安祖花、火鹤花、红鹅掌。

形　　态: 具肉质根，无茎。叶从根茎抽出，叶颜色深绿，心形，叶脉凹陷。肉穗花序，圆柱状，花正圆形至卵圆形，鲜红色、橙红肉色、白色。

自然花期: 四季均可开花。

适宜温度: 19～25℃，越冬温度最好保持在16℃以上，低于13℃植株会死亡。

花盆推荐: 瓦盆、陶盆等。

介质推荐: 可将泥炭土、叶糠和珍珠岩按3：2：1的比例配制。

生长管理	一月	二月	三月	四月	五月	六月	七月	八月	九月	十月	十一月	十二月
施肥（薄肥勤施）	5～7天施1次腐熟稀薄饼肥水		每3天施1次复合肥水，选用氮磷钾比例为1：1：1的复合肥			每2天施1次复合肥水			每月施2～3次复合液肥			每7天施1次稀薄饼肥水
浇水（雨水、池塘水最佳）	每周向叶片上喷雾2～3次		每天喷水2～3次，保持盆土湿润，花期减少浇水			每天向叶面喷水，向盆内洒水2～3次，花期减少浇水			控制水量，5～7天浇水1次			每周向叶片上喷雾2～3次
光照	充足光照					中午遮阴，早晚见光			充足光照			
繁育	播种											

风信子

微肥　　微湿　　散射光　中性偏酸性土壤

旺家摆放

　　风信子植株低矮整齐，花序端庄，色彩绚丽，花姿优美，恬静典雅，可做切花、盆栽或水养观赏，适于摆放在茶几和书桌上。花香能稳定情绪，消除疲劳，还能过滤尘土，观赏价值极高。

　　风信子原产于南欧和小亚细亚地区，荷兰是主要生产国。风信子是希腊文阿信特斯的音译。它的花语是"只要点燃生命之火，便可同享丰盛人生"，这与风信子靓丽的花姿与浓郁的香气正好匹配。

花　　语：悲伤的爱情、永远的怀念。

别　　称：五色水仙、时样锦。

形　　态：风信子为球根类植物，鳞茎卵形，皮膜颜色与花色呈相近颜色。未开花时形如大蒜，狭披针形，肉质。总状花序为顶生，漏斗形，花被呈筒形，花色有紫色、玫瑰红色、粉红色、黄色、白色、蓝色等，芳香四溢。

自然花期：3~4月。

适宜温度：18~20℃，温度高于35℃时，植株生长畸形，温度低于2℃时，花芽受冻。

花盆推荐：泥盆、陶盆等。

介质推荐：将园土、腐叶土、粗沙按照2∶4∶1的比例配制，还可以加入少量骨粉。

生长管理	一月	二月	三月	四月	五月	六月	七月	八月	九月	十月	十一月	十二月
施肥	不施肥		施1次稀薄液肥	不施肥		休眠期无需施肥			施足基肥，增加磷钾肥	每月施1次稀薄液肥，以磷钾肥为主		
浇水（雨水、池塘水最佳）	每周浇水2~3次，见干就要浇水		1~2周浇1次透水			控制浇水，每月1次，浇透				每周浇水2~3次，见干就要浇水		
光照	向阳处，叶片发黄时要补光					中午遮阴，早晚见光			向阳处，叶片发黄时要补光			
繁育								分球繁殖	种头播种			

葡萄风信子

 微肥　 微湿　 喜光　 中性偏酸性土壤

旺家摆放

　　葡萄风信子株丛低矮，花色明丽，花期较长，绿叶期也较长，摆放在床头、书桌、窗台都是不错的选择，极具观赏效果。

花　语：悲伤、妒忌，忧郁的爱。

别　称：蓝瓶花、蓝壶花、葡萄麝香兰。

形　态：叶片为线形，稍肉质，暗绿色。花茎自叶丛中抽出，总状花序，圆筒形，上面密生许多串铃的小花，边缘常向内卷。花色有青紫色、淡蓝色、白色等。

自然花期：3~5月。

适宜温度：15~30℃。

花盆推荐：泥盆、陶盆等。

介质推荐：将园土、腐叶土、粗沙按照2:4:1的比例配制。

生长管理	一月	二月	三月	四月	五月	六月	七月	八月	九月	十月	十一月	十二月
施肥	不施肥					休眠期，无需施肥			施足基肥，增加磷钾肥		待长出叶片后，可施1次氮磷钾稀薄液肥	
浇水（雨水、池塘水最佳）	少浇水，每周1次，或者不浇水								栽种后每周浇水2~3次		少浇水，每周1次，或2周一次	
光照	向阳处，光照充足				中午避光，早晚向阳				向阳处，光照充足			
繁育									球茎			

玛格丽特

 微肥　 微湿　 散射光　 弱酸性土壤

旺家摆放 作为一款草本植物，玛格丽特美丽但不娇宠，简单易养，并且花色缤纷，近乎完美，适合摆放在阳光充足的阳台、书房、窗台等处，增添生活乐趣。

花　　语：骄傲、满意、喜悦。

别　　称：木春菊、蓬蒿菊、法兰西菊、少女花等。

形　　态：玛格丽特花为宿根草本植物，亚灌木状，叶片互生，分枝较多。花腋生，花形有单瓣、重瓣或丁字形。花色有白色、黄色、淡红色等，一般情况下，单瓣花的花朵较小，但是开花数量多，而重瓣花的花朵较大，开花数量较少。

自然花期：10月至翌年5月。

适宜温度：15～22℃，最低不要低于5℃，最高不要高于32℃。

花盆推荐：泥盆、陶盆、塑料盆等。

介质推荐：将田园土、腐殖土、草炭土按照1∶1∶1的比例，加入腐熟厩肥配制。

生长管理	一月	二月	三月	四月	五月	六月	七月	八月	九月	十月	十一月	十二月
施肥（薄肥勤施）	花芽分化期，改施磷肥为主的液肥，1~2次即可。开花时间，追施1次磷钾肥				每半个月追施1次稀薄饼肥水，高温夏季停止施肥					施1~2次稀薄腐熟饼肥水		
浇水（雨水、池塘水最佳）	每天浇水1次，见干见湿，不要缺水				控制浇水，高温季节采用每天多次喷雾的形式来降温增湿					每天浇水1次，见干见湿，不要缺水		
光照	向阳处				避免强光，适当遮阴					向阳处		
繁育		扦插							扦插			

仙人指

微肥　　耐旱　　喜半阴　　中性偏微碱性土壤

旺家摆放　　盆栽仙人指花期长，株形丰满、优美，花繁而色艳，春节前后开放。可入室摆设或悬挂，用于装点书房、客厅。

花　　语：坚强、坚硬。

别　　称：仙人枝、圣烛节、仙人掌。

形　　态：枝扁平，肉质，节枝较多，每节长圆形，每侧有1~2个钝齿。花单生于枝顶，花冠整齐，有多种颜色。包括紫色、红色、白色等。

自然花期：11月至翌年1月。

适宜温度：19~32℃，冬季温度不要低于5℃。

花盆推荐：泥盆、陶盆、塑料盆等。

介质推荐：将泥炭土、园土、粗沙按照3∶1∶1的比例配制。

生长管理	一月	二月	三月	四月	五月	六月	七月	八月	九月	十月	十一月	十二月
施肥	停止施肥	施肥1次，磷钾肥最好	10天左右施1次氮肥，之后可以10天加1次3~4颗尿素肥				每周施1次稀薄腐熟饼肥水		施1~2次磷酸二氢钾水溶液		停止施肥
浇水（雨水、池塘水最佳）	浇水1次		每周浇水1次，保持土壤湿润			控制浇水，防止雨淋		每周浇水1次，保持土壤湿润		浇水1次
光照	阳光充足处				适当遮阴			阳光充足处		
繁育			扦插							

栀子花

 喜肥 微湿 散射光 微酸性土壤

旺家摆放 　栀子花叶色四季常绿，枝叶繁茂，花芳香素雅，盆栽可以摆放在向阳的书房、茶几、窗台，有很高的观赏价值。

栀子花也被视为我国传统的八大香花之一，它的花蕊金黄，花冠像盛酒的器具"卮"，被叫做"卮子花"，后改字变成"栀子花"。栀子花分为单瓣品种和复瓣品种，因单瓣品种有花瓣六片，因此又被称为"六出花"。

花　　语： 永恒的爱，一生的守候和喜悦。

别　　称： 鲜支、越桃、玉荷花、白蟾花、碗栀等。

形　　态： 叶片革质、对生。叶形多样，通常为长圆状披针形、倒卵状长圆形、倒卵形或椭圆形。花单生于枝顶，萼管倒圆锥形或卵形，花冠白色或者乳黄色，高脚碟状，散发芳香。

自然花期： 3~7月。

适宜温度： 16~18℃，冬季温度不能低于0℃。

花盆推荐： 泥盆、陶盆、紫砂盆。

介质推荐： 将园土、粗沙、厩肥土、腐叶土按照3∶1∶2∶1的比例配制。

生长管理	一月	二月	三月	四月	五月	六月	七月	八月	九月	十月	十一月	十二月
施肥	停止施肥		每周浇1次矾肥水		每10天左右施1次腐熟饼肥水，6月、8月中旬增施1次麻渣水				每周浇1次矾肥水			停止施肥
浇水（雨水、池塘水最佳）	控制浇水，不干不浇		每3天浇水1次，在盆花的周围每日早晚洒水			每天早晚各浇水1次			每3天浇水1次，在盆花的周围每日早晚洒水			控制浇水，不干不浇
光照	向阳处					中午遮光			向阳处			
繁育			扦插									

蝴蝶兰

 喜肥　 喜湿　 散射光　 弱酸性土壤

旺家摆放　　蝴蝶兰花姿婀娜，花朵繁多，花色高雅，由于花形似蝴蝶而得名，可切花。可摆放在室内较温暖，有散射光的客厅、书房等处，让居室显得高雅、唯美。

蝴蝶兰原产于马来西亚和我国台湾地区，现在以我国台湾地区出产最多。蝴蝶兰以颜色多、品种多、株型高雅、姿态优美、花朵俏丽而著称，现已是每年最热销的花卉之一，成为亲朋好友之间的馈赠佳品。

花　　语： 我爱你、幸福向你飞来。

别　　称： 蝶兰。

形　　态： 蝴蝶兰茎很短，常被叶鞘包住。叶片稍肉质，呈椭圆形、长圆形或镰刀状长圆形。花序侧生于茎的基部，花朵往往由基部向顶部逐朵开放，花苞片呈卵状三角形，花白色、鹅黄、淡紫色、蔚蓝色等，也有一些品种开双色或者三色花。

自然花期： 4~6月。

适宜温度： 15~20℃，冬季温度不能低于5℃，夏季温度不能高于34℃。

花盆推荐： 泥盆、陶盆。

介质推荐： 不要使用泥土，用水苔、浮石、桫椤屑、木炭碎等即可。

生长管理	一月	二月	三月	四月	五月	六月	七月	八月	九月	十月	十一月	十二月
施肥（薄肥勤施）	每月施1次兰花专用肥		每周施肥1次，主要是氮钾肥	催化期半个月施1次肥，要使用磷钾肥。但是开花时间不要施肥，开花后可以适当补充稀释肥				花茎生长期可以每2~3周施1次稀薄磷肥				每月施1次兰花专用肥
浇水（雨水、池塘水最佳）	半个月浇水1次，上午10点最好		每天下午5点前后浇水1次			温度较高，每天早9点，晚5点各浇水1次			每天下午5点前后浇水1次			半个月浇水1次，上午10点最好
光照	室内散射光处					避免阳光直射			室内散射光处			
繁育			组培					组培				

金雀花

 微肥　 耐旱　 喜光　 弱酸性土壤

旺家摆放　　　春天是金雀花的开花季节，成簇金黄色的花朵挤满枝头，热烈奔放，外观精致小巧，花朵盛开之际，犹如展翅欲飞的金雀停歇在枝头，赏心悦目。适合摆放在光照充足的阳台、窗台、书桌等处，增添喜庆和活力。

花　　语： 幽雅、整洁。

别　　称： 紫雀花、金香雀。

形　　态： 匍匐草本植物，根茎丝状，叶柄较细柔，掌状叶片。伞状花序，花冠呈淡蓝色至蓝紫色，花朵呈萼钟形，开黄色小花。

自然花期： 4~6月。

适宜温度： 6~18℃，冬季温度不要低于5℃。

花盆推荐： 泥盆、陶盆、紫砂盆。

介质推荐： 将园土、沙石、腐叶土按照2:1:1的比例配制即可。

生长管理	一月	二月	三月	四月	五月	六月	七月	八月	九月	十月	十一月	十二月
施肥（薄肥勤施）	不施肥		开花前施1次稀薄液肥			每月施1次稀薄腐熟饼肥水						施足基肥
浇水（雨水、池塘水最佳）	半月浇水1次		保持盆土湿润，每周浇水2~3次			每周浇水3~4次			保持盆土湿润，每周浇水2~3次			半月浇水1次
光照			阳光充足处			中午适当遮阳			阳光充足处			
繁育		扦插	播种						播种			

紫叶酢浆草

微肥　　微湿　　喜光　　中性偏微碱性土壤

旺家摆放　　作为一种珍稀的观叶地被植物，常被用来布置居室，点缀景点。它富有美感，是非常好的盆栽植物。紫叶酢浆草叶片紫红诱人，花朵粉红可爱，可以摆放在通风良好，光线充足的阳台、窗台等处。

花　　语: 寻觅幸福。

别　　称: 酸浆草、酸酸草、斑鸠酸、三叶酸。

形　　态: 半透明的肉质根,宿根草本植物,根顶端着生地下茎。叶片为三出掌状复叶,从茎顶部长出,叶片呈深紫色。伞状花序,一般5~8朵簇生在花茎顶端,开粉红色小花。

自然花期: 4~11月。

适宜温度: 15~20℃,冬季温度不低于0℃,夏季温度不要高于35℃。

花盆推荐: 泥盆、陶盆等。

介质推荐: 可以将泥炭、树皮、刨花按照2:1:1的比例配制即可。

生长管理	一月	二月	三月	四月	五月	六月	七月	八月	九月	十月	十一月	十二月
施肥	不施肥		每月施1次稀薄液肥									不施肥
浇水(雨水、池塘水最佳)	每周浇水1次		每2天浇水1次,避免土壤玷污叶片			每天向植株叶片喷洒水分			每2天浇水1次,避免土壤玷污叶片			每周浇水1次
光照	光照充足处					适当遮光			光照充足处			
繁育			播种	分株								

菊 花

 喜肥　 微湿　 散射光　 中性微碱性土壤

旺家摆放　　菊花是我国传统观赏花卉，不仅品种繁多，并且株形优美，常摆放在客厅、阳台等处，增添高雅意境。

菊花原产于我国，是我国十大名花之一，与梅、兰、竹一起并称为花中"四君子"。每年的中秋前后，全国很多地区都会有"赏菊大会"，各种品种、姿态的菊花亮相，景色壮观。而我国古代也有很多咏叹菊花的诗，其中以陶渊明的《饮酒》最为著名："采菊东篱下，悠然见南山。"而写了"曾经沧海难为水，除却巫山不是云"的元稹也有一首咏菊诗："不是花中偏爱菊，此花开尽更无花。"

花　　语：高洁、隐逸、高尚。

别　　称：寿客、金英、黄华、陶菊。

形　　态：叶卵形至披针形，有短柄，叶下面被白色短柔毛覆盖，茎呈嫩绿色或褐色。头状花序，1朵或数朵簇生。舌状花为雌花，筒状花为两性花，色彩丰富，有红色、黄色、白色、绿色、橙色等。

自然花期：9～10月。

适宜温度：18～21℃，冬季耐受最低温度为10℃，夏季耐受最高温为32℃。

花盆推荐：泥盆、陶盆。

介质推荐：将腐叶土、河沙、草炭土按照3：1：2的比例配制。

生长管理	一月	二月	三月	四月	五月	六月	七月	八月	九月	十月	十一月	十二月
施肥	不施肥		每10天施1次淡肥					花芽分化期，停止施肥	追1次尿素肥	立秋后每周施1次稍浓的肥水，花朵含苞待放时，再施1次浓肥水		不施肥
浇水（雨水、池塘水最佳）	每月浇水2次		阴雨天不浇水，平时每周浇水2～3次			早晚各浇水1次，同时用喷水壶向菊花枝叶及周围地面喷水，切忌不要在烈日照射时浇水				每周浇水3～4次		浇水2次
光照	阳光充足处					适当避光				阳光充足处		
繁育				扦插	分株					扦插		

君子兰

 喜肥　 微湿　 散射光　 中性偏微酸性土壤

旺家摆放　君子兰株形端庄优美，叶片苍翠挺拔，花大色艳，早春开花，极具观赏价值，可以摆放在室内客厅、书房等微光处，烘托节日气氛，带给人喜悦之情。

很多人以为君子兰是原产于我国的花卉，实际上它的原产地在非洲，且传入我国的时间并不长，但它以高贵的姿态和丰满的花容，广受大众喜爱。目前，我国君子兰的栽培品种有两种，一是"大花君子兰"，即我们常说的君子兰；另外一种叫垂笑君子兰，垂笑君子兰以北京附近培育繁殖最多。

花　　语：圣洁、高雅、赞美、尊敬。

别　　称：大花君子兰、剑叶石蒜、达木兰、大叶石蒜。

形　　态：君子兰根肉质，呈乳白色，叶片从根部短缩的茎上八字迸出，革质，宽阔带形，深绿色，有比较明显的光泽和脉纹。伞状花序顶生，花呈漏斗状，每个花絮上有7～30朵花，花色有橘红色、橙红色等。

自然花期：2～4月。

适宜温度：15～25℃，低于5℃或者高于30℃会停止生长。

花盆推荐：泥盆、陶盆。

介质推荐：将腐叶土、松针、河沙按照6∶2∶1的比例配制，还可以加入一份底肥。

生长管理	一月	二月	三月	四月	五月	六月	七月	八月	九月	十月	十一月	十二月
施肥（薄肥勤施）	每隔15～20天施1次磷钾肥		每周施1次磷钾肥		施1次稀薄腐熟饼肥水			每周施1次稀薄液肥			每隔15～20天施1次磷钾肥	
浇水（雨水、池塘水最佳）	盆土半干时浇水，水最好是经过3天日照后再使用				每天浇水，避开花心，避免盆土干燥			盆土半干时浇水，水最好是经过3天日照后再使用				
光照	光线明亮处				适当遮阴			光线明亮处				
繁育			分株					播种				

卡特兰

 微肥　　 耐旱　　 喜光　　 微酸性土壤

卡特兰花朵较大，花色娇艳多变，芳香馥郁，花期长，可以摆放在室内通风良好的客厅、书房、阳台等处，尽显雍容华丽。

花　　语：热烈、美好、倾慕、真情。

别　　称：嘉德丽亚兰、卡特利亚兰。

形　　态：卡特兰属园艺杂交种，假鳞茎顶部生有1～3枚叶片，叶片较厚，中脉下凹，花生于假鳞茎顶端。品种较多，花色有白色、黄色、绿色、红紫色等。

自然花期：9～11月。

适宜温度：20～30℃，温度低于1℃，花蕾会枯死。

花盆推荐：泥盆、陶盆、塑料盆。

介质推荐：可以用泥灰、蕨根、树皮块或碎砖为基质。

生长管理	一月	二月	三月	四月	五月	六月	七月	八月	九月	十月	十一月	十二月
施肥	不施肥			每1～2周施1次液体肥料，或者在盆面不同部位放上一些经过发酵的固体肥料，2个月放1次。但是，当气温超过32℃停止施肥								不施肥
浇水（雨水、池塘水最佳）	每周浇水1次，不要用隔夜水浇灌			2～3天浇水1次			2天浇水1次，或者每天浇水1次			2～3天浇水1次		每周浇水1次，寒流来袭时停止浇水
光照	散射光照射处					遮光，避免直射			稍见直射光处			
繁育		分株						分株				

丽格海棠

微肥　　喜湿　　散射光　　弱酸性土壤

旺家摆放　　丽格海棠不仅花多，并且花很大，色彩丰富，株形丰满，枝叶翠绿，没有明显的休眠期。我们随时可以剪取花枝作为插花材料，也可以盆栽摆放在室内窗台、茶几，或者作为吊篮摆放，是不可多得的盆栽观赏植株。

花　　语: 和蔼可亲。

别　　称: 丽格秋海棠、玫瑰海棠、丽佳秋海棠、里拉秋海棠。

形　　态: 丽格海棠是索科秋海棠与许多种球根类秋海棠杂交的品种,叶片为不对称心形,叶缘有锯齿,叶脉呈掌状,表面光滑,呈腊质。花重瓣,花色较为丰富,有红色、橙色、黄色、白色等,较为艳丽。

自然花期: 12月至翌年4月。

适宜温度: 18~22℃,不耐高温,最高不要超过30℃,低温不要低于10℃。

花盆推荐: 泥盆、陶盆等。

介质推荐: 将泥炭土、珍珠岩按1:1比例配制,可以加少许长效肥。

生长管理	一月	二月	三月	四月	五月	六月	七月	八月	九月	十月	十一月	十二月
施肥(薄肥勤施)	每周施2~3次稀薄液肥		每周1次稀薄复合肥,氮磷钾比例均衡最好			每5~7天施肥1次,要根外追肥,以磷酸二氢钾、复合肥为主						每周施2~3次稀薄液肥
浇水(雨水、池塘水最佳)	每周浇水3~4次,避免积水		每天浇水1次,适当减少浇水量			每天浇水2次,经常向叶面、地面喷水,但要避免积水			每天浇水1次,适当减少浇水量			每周浇水3~4次,避免积水
光照	日照处					散射光处,忌强光直射			日照处			
繁育						播种				扦插		

萱　草

微肥　　喜湿　　散射光　　中性偏微酸性土壤

> **旺家摆放**　　观赏用萱草的花接近一些漏斗状百合，花色艳丽，管理比较简单，可以摆放在室外阳台或窗台，需要注意的是，萱草地下茎有微量的毒素，不能食用，最好摆放在小孩不容易触摸到的地方。

萱草的外形与百合相似，在我国，萱草的作用不仅是观赏，且能食用，萱草即我们常说的黄花菜，晒干后可泡发食用，有一定食疗保健价值。

如果说石竹是国外的母亲之花，那萱草就是我国的母爱之花。早在《诗经》里，就有"焉得谖草，言树之背？"意思是"我要去哪里找一株萱草栽种到母亲堂前，让她乐而忘忧呢。"大诗人孟郊更有诗云："萱草生堂阶，游子行天涯。"

花　　语： 遗忘的爱，隐藏起来的心情。

别　　称： 金针菜、黄花菜、忘忧草。

形　　态： 叶片呈扁平状长线形，对排成两列。聚伞花序，花葶细长坚挺，花较大，呈漏斗形，内部较深，犹如百合。颜色为橘红色或者橘黄色，早上开花，晚上凋谢，没有香味。

自然花期： 5～7月。

适宜温度： 15～25℃。

花盆推荐： 泥盆、陶盆、紫砂盆等。

介质推荐： 将园土、腐叶土、草木灰按照6：3：1的比例，加少量过磷酸钙粉末配制。

生长管理	一月	二月	三月	四月	五月	六月	七月	八月	九月	十月	十一月	十二月
施肥	不施肥		每10天施1次稀薄饼肥液		每周施1次腐熟的鱼腥液			每半月施1次10%的饼肥液和2%的鱼腥液		每半月施1次稀薄饼肥水		不施肥
浇水（雨水、池塘水最佳）	每半月浇水1次，或者不浇水		每周浇水3～4次，注意排水			每天早晚浇水1次，但要避免雨涝			每周浇水3～4次，注意排水			每半月浇水1次，或者不浇水
光照	阳光充足处					阳光充足处，适当遮阴			阳光充足处			
繁育			播种	分株					播种			

凤仙花

 微肥　 微湿　 喜光　 中性偏弱酸性土壤

旺家摆放

　　凤仙花植株丰满，叶片洁净秀美，叶色叶形独具特色，花色丰富、色泽艳丽明快，花朵繁茂。它四季开花，花期较长，生长速度快，可以摆放在室内光线充足的窗台、阳台、书桌等处，时尚且美观。

　　凤仙花捣碎后，可用其汁液来染指甲，因此也被称为指甲花。元代的杨维桢在其诗《凤仙花》中有"弹筝乱落桃花瓣"的诗词，讲的就是染红指甲的女子在弹筝，手指上下翻动的样子很美，很像桃花瓣纷纷落下的感觉。

　　凤仙花的种子叫急性子，为什么得此名呢？因为凤仙花在花开过种子成熟后，如果手指轻轻碰触，会种壳开裂，种子全都急不可耐地弹出来。

花　　语： 怀念过去、贞洁。

别　　称： 指甲花、女儿花、金凤花。

形　　态： 植株肉质光滑，呈青绿或深褐色，叶片为阔披针形，边缘有锯齿，花梗较短，单生或簇生于叶腋。花型有单瓣、蔷薇重瓣、茶花重瓣，花色有粉红色、朱红色、淡黄色、紫色、白色及复色。

自然花期： 6～10月。

适宜温度： 15～26℃，开花时期温度要控制在10℃以上，冬季温度不要低于5℃。

花盆推荐： 泥盆、陶盆、塑料盆等。

介质推荐： 可以将园土、腐叶土、草木灰按照6∶3∶1的比例配制。

生长管理	一月	二月	三月	四月	五月	六月	七月	八月	九月	十月	十一月	十二月
施肥（薄肥勤施）	不施肥		定植后半个月施肥1次，可以使用有机肥			每月施肥1次，如稀薄腐熟饼肥水			每半月施肥1次，稀薄腐熟饼肥水			不施肥
浇水（雨水、池塘水最佳）	半月浇水1次		每天浇水1次，雨水季节要注意排水防涝			每天早晚各浇水1次，但要避免积水			每周浇水3～4次，注意防涝			半月浇水1次
光照		向阳处				避免烈日暴晒，适当遮阴				向阳处		
繁育			播种						播种			

73

马蹄莲

 喜肥　 微湿　 散射光　 中性偏酸性土壤

旺家摆放　　　马蹄莲花朵美丽，春秋两季开花，单花期特别长，是切花、花束、花篮的理想材料。当然也可以作为装饰客厅、书房的盆栽花卉，传达忠贞不渝、永结同心的美好寓意。

　　马蹄莲常被用作鲜切花，无论是洁白的白色马蹄莲，还是鲜艳的红色马蹄莲，亦或是黄色的、粉色的，都寓意着高洁、尊重、爱情，因此婚礼上常用马蹄莲。

花　　语: 忠贞不渝、永结同心。

别　　称: 慈姑花、水芋、野芋等。

形　　态: 叶片较厚，绿色，心状箭形。肉穗花序，呈圆柱形，花序柄较长，光滑，管部较短。花为白色，浆果呈短卵圆形，淡黄色。

自然花期: 2~3月。

适宜温度: 10~25℃，最低温度不要低于3℃。

花盆推荐: 泥盆、陶盆等。

介质推荐: 可用将细沙、腐叶土按照2：1的比例，再加适量骨粉、厩肥、过磷酸钙配制。

生长管理	一月	二月	三月	四月	五月	六月	七月	八月	九月	十月	十一月	十二月
施肥（薄肥勤施）	每半月施1次稀薄液肥		每半月施1次，可用腐熟的豆饼水或麻渣水，切忌肥水浇入叶鞘内以免腐烂									施1~2次稀薄液肥
浇水（雨水、池塘水最佳）	每周洗叶面1次，空气干燥时，向花的四周喷雾		每周浇水3~4次				早晚各浇水1次，高温时，早中晚向四周喷洒清水			每周浇水3~4次		每周洗叶面，干燥时，向四周喷雾
光照	阳光充足处					避免强光，适当遮阴				阳光充足处		
繁育			播种				分株					

柠　檬

 喜肥　　 微湿　　 半阴　　 微酸性土壤

旺家摆放　　　盆栽柠檬花大芳香，花朵白中带红，叶片幼时带红色，慢慢变绿，非常具有观赏价值，适合摆放在阳光充足的阳台、窗台、书桌等处。

花　　　语：开不了口的爱。

别　　　称：柠果、洋柠檬、益母果。

形　　　态：叶片厚纸质，呈卵形或椭圆形，顶部通常短尖，边缘有裂齿。单花腋生或少花簇生；花萼为杯状，外面呈淡紫红色，内面呈白色。果为椭圆形或卵形，两端狭，果皮较厚，比较粗糙，呈柠檬黄色，富含柠檬香气。

自然花期：4～5月。

适宜温度：23～29℃，超过35℃就会停止生长，低于2℃就会冻伤。

花盆推荐：泥盆、陶盆等。

介质推荐：一般的沙壤土就可以了，也可以直接用田园土，如果土质偏黏，可少掺些沙子，上盆时放点骨粉做基肥即可。

生长管理	一月	二月	三月	四月	五月	六月	七月	八月	九月	十月	十一月	十二月
施肥（薄肥勤施）	每月施1次氮肥		每月施1次稀薄液肥			每月追施1次氮磷钾肥			每月施1次稀薄液肥			施1次氮肥
浇水（雨水、池塘水最佳）	每周浇水1次		每周浇水3～4次，开花的时间可以适当少浇水			每天浇水1次，高温还可以每天向叶面喷水			每周浇水3～4次			每周浇水1次
光照	阳光充足处					稍微遮阴			阳光充足处			
繁育					扦插							

77

西府海棠

 喜肥　 喜湿　 喜光　 中性或者弱酸性土壤

旺家摆放　西府海棠花色艳丽，姿态犹如亭亭少女，花朵红粉相间，叶子嫩绿可爱，果实鲜美诱人，色彩尤觉夺目。可以摆放在阳光充足的客厅、窗台、书桌上，等到鲜花怒放时，自成一景，蔚为壮观。

花　　语：单恋。

别　　称：海红、子母海棠、小果海棠。

形　　态：叶片为椭圆形，端部渐尖或圆钝，基部近圆形，边缘有细锯齿，托叶膜质，披针形。近伞状花序，有5～8朵花，萼裂片呈三角状卵形，花瓣为卵形，开放时呈粉红色和红色。

自然花期：4～6月。

适宜温度：20～25℃，最低温度不要低于0℃。

花盆推荐：泥盆、陶盆。

介质推荐：将腐叶土、塘泥、沙子、砻糠灰按照2∶2∶1∶1的比例配制，可以加入少量骨粉。

生长管理	一月	二月	三月	四月	五月	六月	七月	八月	九月	十月	十一月	十二月
施肥（薄肥勤施）	每月施1次腐熟稀薄饼水肥		每半月施1次氮肥		每月施肥1次，以磷钾肥为主，也可以用饼肥、骨粉、鸡粪、鱼腥水等							施1次腐熟饼水肥
浇水（雨水、池塘水最佳）	每周浇水1～2次		每天浇水1次，夏季高温季节可以早晚各浇水1次						减少浇水，每周2～4次			每周浇水1～2次
光照	阳光充足处											
繁育			分株				芽接			分株		

79

紫茉莉

 微肥　 微湿　 散射光　 偏酸性土壤

旺家摆放　　由于紫茉莉本身花色艳丽，花型美观，适合摆放在朝阳的窗台或者阳台。如果冬季温度太低，也可以搬入室内客厅，别有一番风味。

花　　语：臆测、猜忌、小心。

别　　称：粉豆花、状元花、夜饭花、地雷花、丁香叶等。

形　　态：多年生草本花卉，叶片呈卵状或卵状三角形，花萼呈花瓣状，喇叭形，花萼有紫红色、粉红色、红色、黄色、白色等多种颜色。花色常见的有红色加黄色、白色加粉色。

自然花期：6~10月。

适宜温度：15~20℃，冬季最低温度不能低于5℃。

花盆推荐：泥盆、陶盆、塑料盆等。

介质推荐：将腐叶土、沙子、砻糠灰按照2:1:1的比例配制。

生长管理	一月	二月	三月	四月	五月	六月	七月	八月	九月	十月	十一月	十二月
施肥	不施肥		施1次稀薄饼肥水	在生长旺季，可以每周傍晚施1~2次稀薄液肥							施1次稀薄饼肥	不施肥
浇水（雨水、池塘水最佳）	每周浇水1~2次		晴天傍晚浇水1次，阴雨天不浇水			高温季节可以每天早晚浇水1次，但避免积水				晴天傍晚浇水1次		每周浇水1次
光照	向阳处					要适当遮阴				向阳处		
繁育			播种									

三色堇

喜肥　喜湿　散射光　微酸性土壤

旺家摆放

　　三色堇的三种颜色对称地分布在五个花瓣上，形同猫的两耳、两颊和一张嘴，被风吹动时，犹如蝴蝶。除此之外，花瓣边缘呈波浪形，适应性强，管理较为简单，盆栽适合摆放在通风良好，阳光充足的客厅、书房、阳台等处。

三色堇原产于冰岛，为冰岛国花。关于三色堇的由来有个神话，原来的三色堇是纯白色的，并没有很丰富的颜色。据说一次爱神丘比特射箭，本想射向另外一个人，谁知射到了三色堇身上，它的花心流出血和泪，把花瓣染成了三种不同的颜色，就变成了今天的三色堇。

花　　语： 白日梦、思慕、想念我。

别　　称： 猫儿脸、蝴蝶花、人面花、阳蝶花、鬼脸花。

形　　态： 叶片呈长卵形或披针形，边缘具有稀疏的圆齿或钝锯齿。花较大，每个茎上有3～10朵花，一般上方的花瓣呈深紫堇色，侧方及下方花瓣均为三色，有紫色条纹，每朵花有紫、白、黄三色。

自然花期： 4～7月。

适宜温度： 16～24℃，昼夜温差不要超过30℃，否则不利于生长。

花盆推荐： 泥盆、陶盆。

介质推荐： 将炭土、蛇木屑、园土、腐熟堆肥按照3：2：4：1的比例混合配制。

生长管理	一月	二月	三月	四月	五月	六月	七月	八月	九月	十月	十一月	十二月
施肥（薄肥勤施）	施肥1次，氮磷钾肥			每半个月浇水中要用1次肥水施肥，以含钙的复合肥料为主。初期以氮肥为主，临近花期可以增加磷肥，花开后停止施肥					每20～30天追肥1次，可以使用有机肥料或者氮、磷、钾肥			
浇水（雨水、池塘水最佳）	每2～3天浇水1次，保持盆土湿润						每天浇水1次，帮助降温		每2～3天浇水1次，保持盆土湿润			
光照	室内阳光充足处						注意遮阴		室内阳光充足处			
繁育		分株							播种			

天竺葵

 微肥　 耐旱　 喜光　 微酸性土壤

旺家摆放　植物本身的香气可提神醒脑，使人神清气爽，还可以驱避蚊虫。花朵密集如球，非常艳丽，特别适合作为室内盆栽。装饰效果也非常好，可以摆放在室内阳光能够照到的窗台、书房、客厅等处，观赏价值极高。

花　　语： 偶然的相遇，幸福就在你身边。

别　　称： 洋绣球、人腊红、驱蚊草、洋蝴蝶等。

形　　态： 天竺葵全株有白色绒毛，蔓生植物，茎为棕色，叶片呈卵形，厚革质，边缘有些疏齿。伞形花瓣，花色有红色、粉红及白色、蓝色等。

自然花期： 12月至翌年6月。

适宜温度： 13～19℃，冬季温度不要低于5℃，否则植株容易死亡。

花盆推荐： 泥盆、陶盆等。

介质推荐： 将园土、泥炭土、珍珠岩按照2：2：1的比例配制即可。

生长管理	一月	二月	三月	四月	五月	六月	七月	八月	九月	十月	十一月	十二月
施肥（薄肥勤施）	每隔10天施1次稀薄液肥，可用豆饼、蹄片、鱼腥水混合，发酵后加水使用		每月施2～3次稀薄液肥，如果发现花芽开始分化，需增施磷、钾肥			不施肥			每月施2～3次稀薄液肥，如果发现花芽开始分化，需增施磷、钾肥			每隔10天施1次复合化肥
浇水（雨水、池塘水最佳）	每周浇水1次		每周浇水3～4次，雨季注意排水			休眠期，要控制浇水，可以每周浇水1～2次			每周浇水3～4次			每周浇水1次
光照	向阳处					遮阴处理			向阳处			
繁育			播种	扦插					播种	扦插		

洋水仙

 微肥　 耐旱　 喜光　 微酸性土壤

旺家摆放 　　植株低矮整齐，花序端庄，花色丰富，花姿美丽，色彩绚丽，适合摆放在阳光充足的客厅、书房或者窗台，增加恬静典雅之气。

86

花　　语: 只要点燃生命之火，便可同享丰富人生。

别　　称: 黄水仙、喇叭水仙。

形　　态: 洋水仙为球根类植物。未开花时形如大蒜，叶片呈狭披针形，肉质。总状花序顶生，小花密生于上部，漏斗形。花色有紫色、玫瑰红色、粉红色、黄色、白色、蓝色等，散发芳香。

自然花期: 3~4月。

适宜温度: 18~23℃，最高温度不要超过35℃。

花盆推荐: 泥盆、陶盆。

介质推荐: 将腐叶土、园土、粗沙按照5:3:1.5的比例配制，再加上少量骨粉。

生长管理	一月	二月	三月	四月	五月	六月	七月	八月	九月	十月	十一月	十二月
施肥	每月施1次复合肥			每月施1次复合肥		不施肥			每月施1次磷钾肥			
浇水（雨水、池塘水最佳）	每周浇水2次			每2天浇水1次，保持盆土湿润		不浇水			每2天浇水1次，保持盆土湿润			每周浇水2次
光照	向阳处					挖出鳞茎晾干后贮藏于不超过28℃的室内			向阳处			
繁育								分球		播种		

仙客来

 喜肥　 喜湿　 喜光　 微酸性土壤

旺家摆放　仙客来花形别致，娇艳夺目，婀娜多姿。有的品种有香气，花期长，可达5个月，花期适逢元旦、春节等传统节日，观赏价值很高，适宜摆放在有阳光的架子、书桌上。

花　　语： 内向。

别　　称： 萝卜海棠、兔耳花、兔子花等。

形　　态： 仙客来具有全木质的表皮，棕褐色，叶和花葶同时自块茎顶部抽出，叶片呈心状卵圆形，边缘有细圆齿，上面深绿色，常有浅色的斑纹。花冠呈白色或玫瑰红色，筒部近半球形。

自然花期： 10月至翌年4月。

适宜温度： 15～25℃，高温不能超过35℃，否则块茎腐烂。

花盆推荐： 陶盆、泥盆。

介质推荐： 可以将草炭、珍珠岩按照2∶1的比例配制。

生长管理	一月	二月	三月	四月	五月	六月	七月	八月	九月	十月	十一月	十二月
施肥	花期少施肥，可以每月施1次稀薄液肥，切忌不要施氮肥					停止施肥			每10天施1次稀薄饼肥水			
浇水（雨水、池塘水最佳）	每天适量浇水1次，保持盆土湿润，但要避免积水					休眠期停止浇水			每天适量浇水1次，保持盆土湿润，但要避免积水			
光照	有散射光照射处					用两层遮阴网遮阳			有散射光照射处			
繁育									播种　分球			

小苍兰

 微肥   喜湿   喜光   中性偏酸性土壤

旺家摆放　株态清秀，花色丰富浓艳，芳香酸郁，花期较长，深受人们欢迎，可以摆放在客厅、书房，非常美观。

花　　语: 春节、浓情、清香。

别　　称: 香雪兰、洋晚香玉、麦兰。

形　　态: 球茎呈狭卵形或卵圆形，外包有薄膜质的包被，叶片呈条形。花无梗，每朵花的基部有2枚苞片，花直立起来，形似喇叭，有淡淡的香味。花色有鲜黄色、洁白色、橙红色、粉红色、雪青色、紫色、大红色等。

自然花期: 1～4月。

适宜温度: 15～25℃，鳞茎可以在2℃低温下长期贮存。

花盆推荐: 泥盆、陶盆、紫砂盆等。

介质推荐: 将腐叶土、田园土、细河沙按照1:1:1的比例配制，再加入1份腐熟有机肥即可。

生长管理	一月	二月	三月	四月	五月	六月	七月	八月	九月	十月	十一月	十二月
施肥（薄肥勤施）	每隔10天施1次饼肥水		花期停止施肥				休眠				每隔10天施1次稀薄腐熟饼肥水	
浇水（雨水、池塘水最佳）	每周浇水3～4次						不浇水				每周浇水3～4次	
光照	阳光充足处			休眠球茎冷藏			阳光充足处					
繁育								播种	分株			

郁金香

喜肥　　微湿　　喜光　　微酸性土壤

旺家摆放　　郁金香花朵似荷花，花色繁多，色彩丰润、艳丽，是重要的春季球根花卉。高茎品种适用切花，中、矮品种适宜盆栽，放在室内阳光充足的地方，可增添欢乐气氛。

　　郁金香为荷兰的国花，被誉为"世界花后"。荷兰人视郁金香为无价之宝，甚至会用房子换取几粒花种，郁金香与风车、奶酪、木鞋一起被定为荷兰"四大国宝"，可见郁金香的地位之重。

花　　语： 博爱、体贴、高雅、富贵、能干、聪颖。

别　　称： 洋荷花、草麝香、郁香等。

形　　态： 郁金香的鳞茎呈扁圆锥形，叶片呈长椭圆状披针形。花单生茎顶，直立，花型有杯型、卵型、钟型、漏斗型、百合花型等。花瓣有6片，花色有白色、粉红色、洋红色、紫色、褐色、黄色、橙色等，深浅不一。

自然花期： 4～5月。

适宜温度： 15～25℃，最高不要超过28℃。

花盆推荐： 泥盆、陶盆。

介质推荐： 可以将腐叶土、沙土按照2：1的比例配制，再加以少量腐熟肥即可。

生长管理	一月	二月	三月	四月	五月	六月	七月	八月	九月	十月	十一月	十二月
施肥（薄肥勤施）	每隔7～10天施1次腐熟的稀饼肥水，在孕蕾至开花前适当增施磷、钾肥					适当施磷、钾混合肥			用腐叶、腐熟饼肥及骨粉作为混合基肥，用稀饼肥水做追肥，每月1次			
浇水（雨水、池塘水最佳）	每天或者每2天浇水1次，保证水分充足，但是雨季要注意及时排水					不浇水，适当喷水			每天或者每2天浇水1次，保证水分充足			
光照	日照充足处，如要延长花期，可在阴凉处								日照充足处			
繁育									分球			

百　合

喜肥　微湿　半阴　中性至微酸性土壤

旺家摆放 　　百合花花姿雅致，叶片青翠娟秀，茎干亭亭玉立，是重要的切花品种。不过，百合所散发的香味会使人过度兴奋，容易导致失眠。因此，最好不要摆放在卧室内，可以摆放在阳台或者书房等处。

百合原产于我国，它是一种花形简约、香气怡人的花卉，而且集食用与观赏于一身。早在公元4世纪，人们就开始食用百合了。莲子百合粥清心润肺；西芹百合味道独特，这都是百合的食用方法。南宋诗人陆游曾有几句诗写百合："更乞两丛香百合，老翁七十尚童心。"百合自古就寓意着吉祥美好，古时婚嫁时，人们将百合、柿子和如意摆放在一起，祝福新人"百事合心"。

花　　语：顺利、心想事成、祝福、高贵。

别　　称：强瞿、番韭、山丹、倒仙。

形　　态：百合茎直立，呈草绿色，单叶互生。叶片呈狭线形，无叶柄，直接包生于茎秆上。花招生于茎秆顶端，总状花序，花冠较大，花筒较长，呈漏斗形喇叭状。花色有红黄色、黄色、白色或淡红色等。

自然花期：4～10月。

适宜温度：16～24℃，低于5℃或高于30℃生长容易停止。

花盆推荐：泥盆、陶盆等。

介质推荐：将泥炭、珍珠岩按照2：1的比例配制即可。

生长管理	一月	二月	三月	四月	五月	六月	七月	八月	九月	十月	十一月	十二月
施肥（薄肥勤施）	施肥1次，稀薄饼肥水即可	施1次骨粉		施稀薄腐熟液肥2～3次，近孕蕾开花时，追施1～2次磷、钾肥即可							每月施1次腐熟稀薄液肥。低于5℃停止施肥	
浇水（雨水、池塘水最佳）	每周浇水1～2次		每天浇水1次，或者隔天浇水1次，保持盆土湿润，雨季注意排水，高温时节，每天中午向叶面喷水2～3次								每周浇水1～2次	
光照		向阳处				适当遮阴				向阳处		
繁育			播种					鳞片扦插				

93

马缨丹

 微肥　　 喜湿　　 喜光　　 中性沙质土壤

　　马缨丹花色美丽，花期长，绿树繁花，叶片较大，树冠常采用潇洒的自然型，也可刻意扎成圆片形。由于生长迅速、萌发力强，耐修剪，可以加工造型，摆放在门前、客厅、书房等处观赏，非常可爱。

花　　语：严格。

别　　称：五色梅、如意草、七变花等。

形　　态：植株为灌木状，茎枝呈四方形，有短短的柔毛，通常有倒钩状刺，叶片呈卵形或卵状长圆形，边缘有钝齿，表面有粗糙的皱纹和短柔毛。花序梗粗壮，苞片呈披针形，花萼呈管状，顶端有极短的齿，有红色、粉红色、黄色、橙黄色、白色等多种颜色。

自然花期：5～9月。

适宜温度：20～25℃，温度低于8℃则停止生长。

花盆推荐：泥盆、陶盆等。

介质推荐：可以将菜园土、炉渣按照3∶1的比例配制。

生长管理	一月	二月	三月	四月	五月	六月	七月	八月	九月	十月	十一月	十二月
施肥（薄肥勤施）	不施肥	翻盆，施1次基础肥		每7～10天施1次饼肥水，特别是花后应及时追肥1次							不施肥	
浇水（雨水、池塘水最佳）	每周浇水2次			隔天浇水1次，温度较高的时候，可以每天浇水，保持盆土湿润，还可以经常向叶面喷水							减少浇水，每周浇水2次即可	
光照	有明亮光线的地方，但室内养护1个月后，需放到室外有遮阴的地方养护1个月											
繁育		播种	扦插						扦插		播种	

95

大岩桐

微肥　　喜湿　　喜光　　中性或者微酸性土壤

旺家摆放 　　大岩桐花大并且鲜艳，花期长，一株大岩桐可开花几十朵，是节日点缀和装饰室内及窗台的理想盆花。可以摆放在客厅茶几、书房、窗台，增添节日欢乐气氛。

96

花　　语： 欲望、欣欣向荣的追求。

别　　称： 六雪尼、落雪泥。

形　　态： 全株密被白色绒毛。叶片大且肥厚，呈卵圆形或长椭圆形，有锯齿，叶脉间隆起，自叶间长出花梗。花顶生或腋生，花冠钟状，花较大，花色有粉红色、红色、紫蓝色、白色、复色等。

自然花期： 4～11月。

适宜温度： 18～23℃，最低温度不要低于5℃。

花盆推荐： 泥盆、紫砂盆等。

介质推荐： 可以将腐叶土、粗沙、蛭石按照3∶1∶1的比例配制。

生长管理	一月	二月	三月	四月	五月	六月	七月	八月	九月	十月	十一月	十二月
施肥（薄肥勤施）	每隔10～15天施稀薄的饼肥水1次；当花芽形成时，需增施1次骨粉										不施肥	
浇水（雨水、池塘水最佳）	每周浇水2～3次		每天浇水1次			每天浇水1～2次			每天浇水1次		每周浇水2～3次	
光照	放在半阴的环境中，避免强烈的日光照射											
繁育			播种	叶插					播种			分球

97

新几内亚凤仙

微肥　　微湿　　喜光　　微酸性土壤

旺家摆放　　新几内亚凤仙花色丰富、株型优美，从春天到霜降花开不绝，用来装饰书桌或茶几，别有一番风味。

花　　语：别碰我。

别　　称：五彩凤仙花、四季凤仙。

形　　态：植株的茎肉质，叶互生，叶片呈卵状披针形，叶缘有锯齿，叶脉呈红色。花单生或数朵成伞房花序，花瓣有桃红色、粉红色、橙红色、紫红白色等。

自然花期：3～8月。

适宜温度：16～24℃，温度高于32℃或者低于15℃，生长就会受到影响。

花盆推荐：泥盆、陶盆。

介质推荐：可以将泥炭、沙子、园土按照3：1：1的比例配制。

生长管理	一月	二月	三月	四月	五月	六月	七月	八月	九月	十月	十一月	十二月
施肥（薄肥勤施）	不施肥		每隔7～10天喷1次稀薄液肥，或者每隔半月施1次腐熟的稀薄肥水，也可以使用氮磷钾复合肥，但切忌单独施用氮肥								不施肥	
浇水（雨水、池塘水最佳）	每周浇水2～3次		每天浇水1次，雨季注意排水			每天早晚各浇水1次，温度高的时候，可以向植株喷水			每天浇水1次			每周浇水2～3次
光照	阳光充足处					适当遮阴，避免高温			阳光充足处			
繁育			扦插	播种		扦插			扦插			

99

荷兰菊

 微肥　　 耐旱　　 喜光　　 中性或者微酸性土壤

旺家摆放　　荷兰菊花繁色艳，适应性强，特别是近年引进的荷兰菊新品种，植株较矮，自然成形，轻盈活泼，适合摆放在茶几、书桌上。

花　　语：活动、说谎。

别　　称：柳叶菊、纽约紫菀。

形　　态：荷兰菊须根较多，茎丛生，叶片线状披针形，光滑，幼嫩时微呈紫色。伞状花序，花为蓝紫色、红色。

自然花期：8~10月。

适宜温度：15~25℃，最低温度不能低于5℃。

花盆推荐：泥盆、陶盆等。

介质推荐：鸡粪、细煤灰、园土按1：2：3的比例配制。

生长管理	一月	二月	三月	四月	五月	六月	七月	八月	九月	十月	十一月	十二月
施肥（薄肥勤施）	不施肥	每月或者隔月施1次稀薄液肥					10~15天施1次稀薄液肥，入秋后可以适量添加浓肥				不施肥	
浇水（雨水、池塘水最佳）	每周浇水2~3次	每天浇水1次，温度高的时候，可以向植株喷水										每周浇水2~3次
光照					阳光充足处							
繁育						扦插	播种					

虎皮兰

 微肥　 耐旱　 喜光　 中性土壤

旺家摆放　　　　虎皮兰叶片坚挺直立，姿态刚毅，奇特有趣。品种较多，株形和叶色变化较大，对环境的适应能力强，适合摆放在书房、客厅、卧室等场所，可长时间观赏。

虎皮兰的常见品种不少，如金边虎皮兰，叶边淡黄色，更具观赏价值；短叶虎皮兰，植株低矮，更适合做桌边小盆栽；金边短叶虎皮兰，短叶虎皮兰的园艺品种，叶边是金黄色的；还有石笔虎皮兰，叶筒上下一样粗，叶端稍圆，叶面有沟纹，外形像扇子，观赏价值高。

花　　语：坚定、刚毅。

别　　称：虎尾兰、千岁兰。

形　　态：虎皮兰地下有根状茎，地面无茎。叶革质簇生，肉质，披针形，呈暗绿色，两面有浅绿和深绿相间的横向斑带。总状花序，花为白色或淡绿色，有一股淡雅的香味。

自然花期：11~12月。

适宜温度：20~30℃，过冬温度最好为10℃。

花盆推荐：泥盆、陶盆等。

介质推荐：可用腐叶土4份、园土4份、河沙2份混合配制。

生长管理	一月	二月	三月	四月	五月	六月	七月	八月	九月	十月	十一月	十二月
施肥	不施肥			每月可施1~2次复合肥							不施肥	
浇水	1周浇水1次			每天或者隔天浇水1次							1周浇水1次	
光照	阳光充足处											
繁育			分株					扦插				

103

朱顶红

 喜肥　 微湿　 喜光　 微酸性土壤

 旺家摆放　朱顶红本身适应性强，花色鲜艳，花期也相对持久，适于盆栽装点居室、客厅、过道和走廊。

花　　语：渴望被爱。

别　　称：柱顶红、百子莲等。

形　　态：茎肥大近球形，叶片两侧对生，宽带形。花梗中空，高出叶片，被有白粉。花形似喇叭，现代栽培品种主要为杂交大花种，花色有白色、淡红色、玫红色、橙红色、大红色等。

自然花期：3～4月。

适宜温度：18～25℃，最低不要低于5℃，否则植株容易死亡。

花盆推荐：泥盆、塑料筐、紫砂盆。

介质推荐：将泥炭、珍珠岩、蛭石各一份混合配制。

生长管理	一月	二月	三月	四月	五月	六月	七月	八月	九月	十月	十一月	十二月
施肥（薄肥勤施）	每月施1次稀薄磷钾肥			每20天左右施1次腐熟饼肥水			半个月施肥1次，以磷、钾肥为主				不施肥	
浇水（雨水、池塘水最佳）	控制浇水，可以半个月或者1个月浇1次透水		每天浇水1次，雨季注意排水			每天早晚各浇水1次，温度高的时候，可以向植株喷水			每天浇水1次，或者隔天浇水1次		控制浇水，可以半个月或者1个月浇1次透水	
光照	阳光充足处				适当遮阴，不能直射太久				阳光充足处			
繁育		分球	分球									

104

Part 3
旺家绿植的栽培

白鹤芋

 微肥　 喜湿　 散射光　 微酸性土壤

旺家摆放　　白鹤芋花茎挺拔秀美，轻盈多姿，清新悦目，生长旺盛，且耐阴，可以点缀客厅、书房，十分别致。

　　白鹤芋原产于哥伦比亚，与红掌外形相似，只是颜色不同。白鹤芋苞片白色、花序白色，叶片翠绿，挺拔的姿态亭亭玉立、洁白无瑕，常给人安静、顺畅之感，所以花商们也管它叫"一帆风顺"，寓意事事顺利、事业有成。

　　此外，白鹤芋还是清洁环境的花卉，它可以过滤空气中的苯、三氯乙烯和甲醛，还能有效增加空气中的湿度，使人体的舒适感增强。

花　　语：纯洁平静、祥和安泰。

别　　称：白掌、苞叶芋、一帆风顺等。

形　　态：叶片呈长椭圆状披针形，叶脉较为明显。花葶直立，高出叶丛，佛焰苞直立向上，肉穗花序，叶色较深，花较小、呈白色。

自然花期：5~8月。

适宜温度：22~28℃，最低温度不要低于5℃，最高温度不要高于35℃。

花盆推荐：泥盆、紫砂盆等。

介质推荐：将腐叶土、泥炭土和粗沙按照1∶1∶1的比例配制，再加入少量过磷酸钙混合。

生长管理	一月	二月	三月	四月	五月	六月	七月	八月	九月	十月	十一月	十二月
施肥（薄肥勤施）	不施肥		半月施1次稀薄液肥		每1~2周施1次稀薄的复合肥或腐熟饼肥水						不施肥	
浇水（雨水、池塘水最佳）	每周浇水2次		每天浇水1次			每天浇水1次，温度较高的时候，需要及时向叶面喷水			每天浇水1次			每周浇水2次
光照	散射光处				70%遮阴				阳光充足处			
繁育					分株	分株						

107

八角金盘

 微肥 微湿 喜阴 中性或者微酸性土壤

八角金盘四季常青，叶片硕大，叶形优美，浓绿光亮，适应室内弱光环境，可以摆放在窗边、门边、墙角或者书柜上，随时都能欣赏到绿意盎然的风景。

花 语： 八方来财、聚四方才气。

别 称： 八金盘、八手、手树、金刚纂。

形 态： 叶片革质，呈掌状，表面有光泽，边缘有锯齿，边缘略有金黄色，叶柄较长，基部肥厚。伞形花序，开白色小花。

自然花期： 11月。

适宜温度： 18～25℃，最低温度不要低于7℃，最高温度不要高于35℃。

花盆推荐： 泥盆、陶盆、紫砂盆等。

介质推荐： 将腐殖土、泥炭土、细沙按照2：2：1的比例配制，再加入少量基肥混合成介质。

生长管理	一月	二月	三月	四月	五月	六月	七月	八月	九月	十月	十一月	十二月
施肥	不施肥		每月施肥1次			每半月施1次肥，可用稀薄的腐熟饼肥水			每月施肥1次			不施肥
浇水（雨水、池塘水最佳）	每周浇水2～3次		每天浇水1次，雨季避免积水			每天早晚各浇水1次			每天浇水1次			每周浇水2～3次
光照	半阴处											
繁育			扦插	播种		扦插						

紫锦木 微肥 喜湿 喜光 微酸性土壤

旺家摆放 在强光下，叶呈深紫红色，荫蔽处转为褐绿，可以作为盆栽或者吊盆，摆放在阳台或者窗台、书桌等光线较好的地方，增添生机。

花　　语： 无望的爱。

别　　称： 俏黄栌、非洲红、非洲黑美人、红叶戟等。

形　　态： 叶片呈圆卵形，先端钝圆，基部近平截，边缘全缘，被细绒毛。茎呈紫褐色，初始直立，伸长后呈半蔓性，叶柄略带红色，总苞呈阔钟状，开桃红色小花。

自然花期： 4~6月。

适宜温度： 18~24℃，越冬温度不宜低于10℃，否则叶片易变色脱落。

花盆推荐： 泥盆、陶盆、塑料盆等。

介质推荐： 可以将培养土、泥炭土和粗沙按照2：1：1的比例配制。

生长管理	一月	二月	三月	四月	五月	六月	七月	八月	九月	十月	十一月	十二月
施肥（薄肥勤施）	不施肥			每半月施肥1次，并可增施2~3次磷钾肥								不施肥
浇水	隔天或者隔2天浇水1次，雨季不浇水，避免积水								每周浇水1~2次，控制浇水，避免落叶			
光照	阳光充足处					遮蔽50%的光			阳光充足处			
繁育			播种	扦插					播种	扦插		

白柄粗肋草

 微肥　 喜湿　 散射光　 微酸性土壤

旺家摆放　　　白柄粗肋草被称为居室"皇后"，是非常优美典雅的室内观叶植物，具有很高的观赏价值，可以摆放在客厅、书房或者阳台，但是全株有毒，不要误食，以免胃痛。

花　　语：洁白、纯净。

别　　称：白雪公主。

形　　态：披针形鲜绿色叶面，叶偏狭长形，叶脉为白色，有的镶嵌着黄绿色的斑块。茎干挺拔，肉穗花序数个聚生，观赏价值较高。

自然花期：6~7月。

适宜温度：20～30℃，最低越冬温度在12℃以上。

花盆推荐：泥盆、陶盆、紫砂盆等。

介质推荐：将腐叶土、泥炭土和粗沙按照1:1:1的比例配制即可。

生长管理	一月	二月	三月	四月	五月	六月	七月	八月	九月	十月	十一月	十二月
施肥	不施肥		每2周施1次肥水						每月施肥1次			不施肥
浇水（雨水、池塘水最佳）	每周浇水1次		每天浇水1次			早晚各浇水1次，高温天经常喷水			每天浇水1次			每周浇水1次
光照	散射光处				适当遮阴				散射光处			
繁育					分株							

111

变叶木

 微肥　 喜湿　 喜光　 中性或者微酸性土壤

旺家摆放　变叶木叶色五彩缤纷，有红色、黄色、橙色、淡紫色等，有的叶片以绿色为基调，上嵌各色条纹斑点，有的则是五光十色天然组合，极具观赏价值。可以摆放在阳光比较充足的客厅、书房或者阳台。

112

变叶木原产于东南亚，是一种热带观叶植物。它的叶形多样，叶片颜色缤纷多彩，被誉为观叶植物中最美的一种，有"观叶胜似观花"的美赞。我国台湾是变叶木最先引种的地区，早在1872年就已经开始引种栽培变叶木了。现在，变叶木已经是装饰家庭和公众空间的重要植物之一。

花　　语： 变幻莫测、变色龙、娇艳之意。

别　　称： 洒金榕、变色月桂。

形　　态： 叶片呈革质，形状有线形、长圆形、椭圆形、披针形、倒卵形等，边全缘、浅裂至深裂，两面无毛，呈绿色、淡绿色、紫红色、紫红与黄色相间、黄色与绿色相间，有时在绿色叶片上散生黄色、金黄色斑点或斑纹。总状花序，开白色小花。

自然花期： 9～10月。

适宜温度： 20～30℃，冬季温度不低于13℃。

花盆推荐： 泥盆、陶盆、塑料盆等。

介质推荐： 将园土、中粗河沙、锯末按照4：1：2的比例配制。

生长管理	一月	二月	三月	四月	五月	六月	七月	八月	九月	十月	十一月	十二月
施肥（薄肥勤施）	施1次复合肥		每15天施1次稀薄液肥，结合浇水，尽量少施氮肥						施2～4次有机肥或者复合肥			不施肥
浇水	减少浇水，可以每周1次		每周浇水2～4次，高温季节可以经常向叶面喷水，增加空气湿度									减少浇水，可以每周1次
光照	阳光充足处					遮蔽50%的自然光				阳光充足处		
繁育			播种		扦插							播种

五彩苏

 微肥　 喜湿　 喜光　 中性或者微酸性土壤

旺家摆放

五彩苏色彩较为鲜艳、品种繁多，管理也较为粗放，可以选择颜色浅淡、质地光滑的套盆衬托五彩苏华美的叶色，可以摆放在茶几或者窗台上欣赏，或者集中摆放，显得花团锦簇。

五彩苏在家庭中的栽培并不多，它之所以被广泛知晓，因为它是装饰花坛的能手。目前，形形色色的五彩苏在各种园林绿化中担负着重要角色。五彩苏一般分为五种类型：大叶型五彩苏（叶子大、植株高、叶面皱）、彩叶型五彩苏（叶子小、叶面平滑、叶色变化多样）、皱边型五彩苏（叶片边缘褶皱）、柳叶型五彩苏（叶子呈柳叶状，边缘有锯齿）、黄绿叶型五彩苏（叶子黄绿色、形状较小）。

花　　语：绝望的恋情。

别　　称：彩叶草、老来少、五色草、锦紫苏等。

形　　态：植物全株有毛，基部木质化。单叶对生，呈卵圆形，边缘有钝齿牙，叶面呈绿色，有淡黄色、桃红色、朱红色、紫色等色彩鲜艳的斑纹。总状花序，开浅蓝色或浅紫色小花。

自然花期：6~9月。

适宜温度：10~30℃，温度低于10℃，植株停止生长，低于5℃，则会枯死。

花盆推荐：泥盆、陶盆、塑料盆等。

介质推荐：将草炭土、壤土、细沙按照2∶1∶1的比例配制。

生长管理	一月	二月	三月	四月	五月	六月	七月	八月	九月	十月	十一月	十二月
施肥	不施肥			每月施1~2次以氮肥为主的稀薄肥料								不施肥
浇水	每周浇水1次		每周浇水2~4次			每天浇水1次，保持土壤湿润			每周浇水2~4次			每周浇水1次
光照	阳光充足处					遮蔽50%的自然光			阳光充足处			
繁育			播种	扦插					播种			

115

常春藤

微肥　　喜湿　　喜散射光　中性或者微酸性土壤

旺家摆放　　植株株形优美、规整，植株也较为大型，可以摆放在较宽阔的客厅、书房、起居室，格调高雅、质朴，具有南国情调。

在希腊神话中，常春藤代表酒神，是活力的象征。英国在16世纪前，都是用常春藤来酿造啤酒的，把常春藤混在麦子中，会使麦子化成啤酒，因此常春藤的花语便是"感化"。传说凡是被常春藤祝福的人，都有超强的感化力，也就是我们常说的影响力。

花　　语：忠实、友谊、永不分离。

别　　称：钻天风、三角风、散骨风、枫荷梨藤等。

形　　态：植株的茎呈灰棕色或黑棕色，较为光滑。单叶互生，呈三角状卵形或戟形，有的呈椭圆形、披针形，叶上表面为深绿色，有光泽，下面为淡绿色或淡黄绿色。伞形花序，花色为淡黄白色或淡绿白色。

自然花期：9～11月。

适宜温度：18～20℃，温度超过35℃时叶片发黄，生长停止，温度最好不要低于3℃。

花盆推荐：泥盆、塑料盆等。

介质推荐：可以将腐叶土、园土和粗沙按照1：2：1的比例配制。

生长管理	一月	二月	三月	四月	五月	六月	七月	八月	九月	十月	十一月	十二月
施肥	不施肥			每月施2～3次稀薄有机液肥							不施肥	
浇水	减少浇水，1周1次		隔天浇水1次			每天浇水1次，高温季节要经常向叶面喷水			隔天浇水1次		减少浇水，1周1次	
光照	阳光充足处				适当遮阴				阳光充足处			
繁育			扦插					扦插				

花叶万年青

 微肥　 微湿　半阴　微酸性土壤

旺家
摆放

　　植株叶片宽大、黄绿色，色彩明亮强烈，优美高雅，碧叶青青，枝繁叶茂，充满生机，适合盆栽观赏，可以摆放在客厅、书房，十分舒泰、幽雅。

花　　　语：真心。

别　　　称：黛粉叶、银斑万年青等。

形　　　态：叶片呈长圆形、椭圆形或长圆状披针形，叶脉间有许多大小不同的长圆形或线状长圆形斑块，斑块呈白色或黄绿色，肉穗花序。

自然花期：4～6月。

适宜温度：25～30℃，冬季温度不要低于10℃。

花盆推荐：泥盆、紫砂盆等。

介质推荐：可以将腐叶土、锯末、沙子按照2：1：1的比例混合配制。

生长管理	一月	二月	三月	四月	五月	六月	七月	八月	九月	十月	十一月	十二月
施肥（薄肥勤施）	不施肥		每1～2个月施用1次氮肥			10天施1次饼肥水			施2次磷钾肥			不施肥
浇水（雨水、池塘水最佳）	控制浇水，每周1次		每天浇水1次，避免积水			每天早晚浇水1次，高温季节可以向叶片以及盆土周围喷水			每天浇水1次			控制浇水，每周1次
光照	阳光充足处					中午前后都要遮阴			阳光充足处			
繁育			分株				扦插					

119

吊　兰

 喜肥　　 喜湿　　 半阴　　 微酸性土壤

旺家摆放　　吊兰由盆沿向外下垂，随风飘动，形似展翅跳跃的仙鹤，适合摆放在书柜或者茶几上，增添生机和活力。

吊兰很容易抽葶长出小植株，它的小植株倒垂在空中很像仙鹤，因此吊兰还有个别称叫作"折鹤兰"。吊兰生命力顽强，既可土培，也可水养，而且对养分的需求甚少，即便不施肥，它也能长得风生水起、翠绿旺盛。曾有诗赞誉吊兰："午窗试读《离骚》罢，却怪幽香天上来。"

花　　语：无奈而又给人希望。

别　　称：桂兰、葡萄兰、土洋参、八叶兰等。

形　　态：叶呈剑形，多绿色。花葶比叶长，常变为匍枝在近顶部具叶簇或幼小植株。总状花序或圆锥花序，开白色小花。

自然花期：5月。

适宜温度：15～25℃，越冬温度为0℃。

花盆推荐：泥盆、陶盆、塑料盆等。

介质推荐：可以将腐叶土、锯末、沙子按照1：1：1的比例混合配制。

生长管理	一月	二月	三月	四月	五月	六月	七月	八月	九月	十月	十一月	十二月
施肥	不施肥		每2周施1次液体肥，少施氮肥，可适当施用骨粉、蛋壳等沤制的有机肥									不施肥
浇水	每周浇水1～2次		隔天浇水1次			每天早晚浇水1次，高温可以经常向叶片喷水			隔天浇水1次			每周浇水1～2次
光照	避开阳光直晒，光线明亮处					遮阴70%			避开阳光直晒，光线明亮处			
繁育			扦插	分株	扦插				扦插	分株		

发财树

 微肥　 微湿　 散射光　 微酸性土壤

　发财树株型优美，适应性强，可以摆放在有散射光的客厅或者书房，不仅能够展现传统宁静的中式风格，还能提升整体的方正、平稳的气韵，是不可多得的家庭盆栽植物。

花　　语：招财进宝、荣华富贵。

别　　称：学名：瓜栗，又名中美木棉、鹅掌钱等。

形　　态：发财树为常绿乔木，叶片呈掌状，花较大，花瓣条裂。花色有红色、白色、淡黄色，色泽较为艳丽，是常见的家庭植物。

自然花期：4～5月。

适宜温度：20～30℃，冬季最低温度不要低于5℃。

花盆推荐：泥盆、陶盆、紫砂盆等。

介质推荐：可以将园土、锯屑、花生饼粉按照5∶2∶2的比例配制，再加煤渣1份即可。

生长管理	一月	二月	三月	四月	五月	六月	七月	八月	九月	十月	十一月	十二月
施肥	不施肥		追施1次有机肥	每月施2次复合肥料，氮磷钾肥即可							追施1次有机肥	不施肥
浇水	每月浇水1次		5～10天浇水1次			3～5天浇水1次				5～10天浇水1次		每月浇水1次
光照	阳光充足处					遮阴50%				阳光充足处		
繁育			播种		扦插							

飞羽竹芋

 微肥   微湿   半阴   微酸性土壤

旺家摆放 飞羽竹芋叶片宽阔，具有斑马状深绿色条纹，翠绿光润，清新悦目，可以摆放在客厅、书房、卧室等处，青葱宜人，高雅耐观。

花　　语：柔弱、温柔。

别　　称：飞羽。

形　　态：飞羽竹芋叶缘具有波浪形褶皱，叶面密布细小绒毛，外形和手感都和羽毛非常相似，摸起来很舒服。叶片白天展开，夜晚摺合，非常奇特。

自然花期：5月。

适宜温度：15～25℃，最高不能超过30℃。

花盆推荐：泥盆、紫砂盆、陶盆等。

介质推荐：可以将培养土、泥炭土和粗沙按照1:1:1的比例混合配制。

生长管理	一月	二月	三月	四月	五月	六月	七月	八月	九月	十月	十一月	十二月
施肥	不施肥			每月施1次稀薄液肥								不施肥
浇水（雨水、池塘水最佳）	每周或者隔周浇水1次，保持盆土偏干		每天浇水1次，保持盆土湿润			每天早晚浇水1次，高温可以经常向叶面喷水			每天浇水1次，保持盆土湿润			每周或者隔周浇水1次，保持盆土偏干
光照	阳光充足处		有散射光处			遮阴70%			有散射光处			阳光充足处
繁育			分株									

观赏凤梨

 微肥　 喜湿　 半阴　 中性微酸性土壤

旺家摆放 观赏凤梨株型独特，叶形优美，花型花色丰富漂亮，病虫害较少，适合家庭栽培，可以摆放在有散射光的北窗台、花架、茶几、餐桌、书桌上，既热情又含蓄，很耐观赏。

花　语： 吉祥、好运、完美。

别　称： 菠萝花、凤梨花。

形　态： 观赏凤梨的品种较多，大多叶片呈狭长形，叶缘有锯齿，革质叶片且色泽绚丽多彩。开出的花朵千姿百态，花和叶片都仿佛涂了一层蜡质，柔中带硬而且富有光泽。

自然花期： 4~6月。

适宜温度： 15~20℃，冬季温度不能低于10℃。

花盆推荐： 泥盆、紫砂盆、塑料盆等。

介质推荐： 可以将草炭、沙子、珍珠岩按照3∶1∶1的比例配制。

生长管理	一月	二月	三月	四月	五月	六月	七月	八月	九月	十月	十一月	十二月
施肥（薄肥勤施）	每月施肥1次		每2周施肥1次，施肥时应以氮肥和钾肥为主，花期少施氮肥，多施钾肥									每月施肥1次
浇水（雨水、池塘水最佳）	每周浇水1次		每天或者隔天浇水1次，每日可向叶面喷洒清水1~2次			每天浇水1次，每日可向叶面喷洒清水多次			每天或者隔天浇水1次，每日可向叶面喷洒清水1~2次			每周浇水1次
光照	光照较好的窗台		明亮的散射光处			半光照			光照较好的窗台			
繁育			播种									

富贵竹

 微肥　 微湿　 半阴　 中性至微酸性土壤

旺家摆放 富贵竹具有细长潇洒的叶子，翠绿的叶色，其茎节表现出貌似竹节的特征，茎叶纤秀，柔美优雅，有"花开富贵，竹报平安"的寓意，管理也较为简单，适合摆放在室内有散射光的客厅、书房、窗台等处。

花　　语：花开富贵、竹报平安、大吉大利、富贵一生。

别　　称：万寿竹、开运竹、富贵塔、竹塔等。

形　　态：纸质叶片，互生或对生，长披针形，叶色浓绿。伞形花序，花冠呈钟状，开紫色小花。

自然花期：8～9月。

适宜温度：20～28℃，最低不要超过0℃。

花盆推荐：泥盆、紫砂盆等。

介质推荐：可将腐叶土、菜园土和河沙按照1:1:1的比例配制，加入少量煤渣灰、花生麸、复合肥即可。

生长管理	一月	二月	三月	四月	五月	六月	七月	八月	九月	十月	十一月	十二月
施肥	不施肥		每月施1次，可以使用氮、磷、钾复合肥									不施肥
浇水	每周浇水1次或者2次		每天或者隔天浇水1次			每天浇水1次，喷水1～2次，清洗叶面						每周浇水1次或者2次
光照	阳光充足处					遮光50%				阳光充足处		
繁育			扦插									

缟叶竹蕉

 微肥　 耐旱　 散射光　 微酸性土壤

旺家摆放 缟叶竹蕉色彩明快、光润，盆栽或水养，摆放案头、茶几，青翠光亮、雅致耐观，还可以配上其他的植物，如百合、蓬莱松，给人以明快的感觉，能够体现春天的情趣。

花　　语: 念念不忘。

别　　称: 金边竹蕉、巴西美人。

形　　态: 缟叶竹蕉是一种常绿灌木状植物，株高约1米，叶片呈剑形，先端较尖，边缘呈现黄色，叶间有白色纵纹，较为独特。

自然花期: 3~4月。

适宜温度: 20~25℃，最低越冬温度为5℃。

花盆推荐: 泥盆、陶盆等。

介质推荐: 可将腐叶土、菜园土和河沙按照1:1:1的比例配制。

生长管理	一月	二月	三月	四月	五月	六月	七月	八月	九月	十月	十一月	十二月
施肥（薄肥勤施）	不施肥		每半月施1次稀薄腐熟液肥									不施肥
浇水	每周浇水1次或者2次		每天或者隔天浇水1次		每天浇水1次，喷水1~2次，清洗叶面							每周浇水1次或者2次
光照	室内阳光充足处				适当遮阴			室内阳光充足处				
繁育			扦插									

126

观音莲

 微肥　 微湿　 半阴　 微酸性土壤

旺家摆放　观音莲株形紧凑挺直，叶片具有独特的金属光泽，叶脉清晰如画，极富诗情画意，可以摆放在室内有散射光的书房、客厅、卧室等处，显得高贵典雅。

花　　语：永结同心、吉祥如意。

别　　称：长生草、黑叶观音莲，龟甲观音莲等。

形　　态：多年生草本植物。地下部分具肉质块茎，叶片为箭形盾状，浓绿色，富有金属光泽，叶脉呈银白色，叶背呈紫褐色。花为佛焰花序，从茎端抽生，喜温湿润、半阴的生长环境。

自然花期：4~7月。

适宜温度：25~30℃，冬季温度不低于15℃，否则会停止生长。

花盆推荐：泥盆、陶盆等。

介质推荐：可以将园土、腐殖土按照3：1的比例配制，再加入一份河沙或者煤球，掺入少量骨粉即可。

生长管理	一月	二月	三月	四月	五月	六月	七月	八月	九月	十月	十一月	十二月
施肥	不施肥		每20天左右施1次腐熟的稀薄液肥或低氮高磷钾的复合肥									不施肥
浇水	每月浇水1次或者2次		15天浇水1次			隔2天浇水1次，高温经常向叶面喷水			每15天浇水1次			每月浇水1次
光照	阳光充足处					适当遮阴			阳光充足处			
繁育				分株	扦插	分株	扦插					

127

合果芋

微肥　　微湿　　半阴　　微酸性土壤

旺家摆放

合果芋株态优美，叶形多变，色彩清雅，是一种较为流行的观叶植物，可以摆放在室内有散射光的客厅、书房或者阳台。

花　　语：悠闲素雅，恬静怡人。

别　　称：紫梗芋、剪叶芋、丝素藤、白蝴蝶、箭叶等。

形　　态：根肉质，叶上有长柄，呈三角状盾形，叶脉及其周围呈黄白色，生有各种白色斑纹，初生叶叶色较淡，老叶叶色为深绿色，并且叶质加厚。

自然花期：7~10月。

适宜温度：22~30℃，10℃以下停止生长，最低不能低于5℃。

花盆推荐：泥盆、塑料盆等。

介质推荐：可以将草炭土、园土、沙按照2：1：1的比例混合配制。

生长管理	一月	二月	三月	四月	五月	六月	七月	八月	九月	十月	十一月	十二月
施肥（薄肥勤施）	不施肥		每2周施1次稀薄液肥，每月喷1次0.2%的硫酸亚铁溶液								不施肥	
浇水	每周浇水1次		隔天浇水1次			每天浇水1次，保持盆土湿润					每周浇水1次	
光照	阳光充足处					适当遮光，避免强光直射					阳光充足处	
繁育						扦插		扦插				

红宝石喜林芋

喜肥　　微湿　　散射光　微酸性土壤

旺家摆放　　　　红宝石喜林芋叶形奇特多变，气生根纤细密集，姿态婆娑，而且很耐阴，放置在室内每日直射光的客厅、书房等处，仿佛有进入热带雨林之感。

花　　语：喜悦。

别　　称：帝王蔓绿绒、绿帝王或绿宝石。

形　　态：叶片革质，呈三角状心形，全缘，叶基裂端尖锐，新叶和嫩芽呈鲜红色，成年呈叶绿色至浓绿色。

自然花期：5月。

适宜温度：20～30℃，可耐短时低温8℃。

花盆推荐：泥盆、陶盆、塑料盆等。

介质推荐：可用草炭土、腐叶土、河沙按照1∶1∶1的比例，加少量充分腐熟的农家肥混合配制。

生长管理	一月	二月	三月	四月	五月	六月	七月	八月	九月	十月	十一月	十二月
施肥（薄肥勤施）	每3周施1次极稀薄饼肥水或复合化肥				每1～2周施1次稀薄饼肥水							每3周施1次极稀薄饼肥水
浇水	每周浇水2次		每天浇水1次			每天浇水1～2次，还需向叶片上喷水2～3次			每天浇水1次			每周浇水2次
光照	散射光处					避强光直射，适当遮阴			散射光处			
繁育			分株	扦插			扦插					

131

红豆杉

 微肥　 耐旱　 半阴　 中性至微酸性土壤

旺家摆放　矮化技术处理的红豆杉盆景造型古朴典雅，枝叶紧凑而不密集，舒展而不松散，茎、枝、叶、果的都具有较高的观赏价值，可以摆放在室内朝北的窗台、书桌等处，增添典雅之气。

花　　语: 谦虚。

别　　称: 扁柏、红豆树、紫杉。

形　　态: 红豆杉为常绿乔木，枝叶到秋天变成黄绿色或淡红褐色，叶片呈镰刀形，二列式，末端尖而细小，花腋生，扁卵形种子。

自然花期: 5～6月。

适宜温度: 20～25℃。

花盆推荐: 泥盆、塑料盆、紫砂盆等。

介质推荐: 可以将蛭石、河沙、泥炭、园土按照1:1:1:1的比例混合配制。

生长管理	一月	二月	三月	四月	五月	六月	七月	八月	九月	十月	十一月	十二月
施肥	不施肥		每隔2～3个月施肥1次，最好是发酵完全的有机肥，施肥时应注意沿盆边操作，避免碰到根部								不施肥	
浇水	盆土表面稍出现黄色的时候，不用浇水，只需对叶面喷雾		当盆土中的泥土发白时，对盆土进行1次性浇水，浇透							盆土表面稍出现黄色的时候，不用浇水，只需对叶面喷雾		
光照	半阴处											
繁育			扦插								播种	

132

朱 蕉

微肥　喜湿　喜光　中性沙质土壤

　朱蕉株形古雅，主干粗壮，羽叶洁滑光亮，四季常青，作为大型盆栽，可以摆放在屋廊或者客厅，甚是美观。

花　　语：坚贞不屈，坚定不移，长寿富贵，吉祥如意。

别　　称：朱竹、铁莲草、红铁树等。

形　　态：树干较高，呈圆柱形。有明显螺旋状排列的菱形叶柄，羽状叶从茎顶部生出，叶形似狐尾，表面多绒毛，整个羽状叶的轮廓呈倒卵状狭披针形，向上斜展形成"V"字形。10年以上的植株才会开花。

自然花期：6～8月。

适宜温度：20～30℃，越冬不能低于5℃。

花盆推荐：泥盆、陶盆等。

介质推荐：可以将1份园土，1份经沤过的腐殖土，1份煤灰混合配制。

生长管理	一月	二月	三月	四月	五月	六月	七月	八月	九月	十月	十一月	十二月
施肥	不施肥		每周施1次稀薄液肥							每月施1次稀薄腐熟饼肥水加入0.5%的硫酸亚铁		不施肥
浇水（雨水、池塘水最佳）	每周或者隔周浇水1次		3～4天浇水1次			每天浇水1～2次			3～4天浇水1次			每周或者隔周浇水1次
光照	阳光充足处											
繁育											播种	

金钻蔓绿绒

微肥　　微湿　　半阴　　中性土壤

旺家摆放　　植株本身大方清雅，富热带雨林气氛，是较好的观叶植物，可以摆放在有散射光的客厅、书房等处。

花　　语：多子多福。

别　　称：喜树蕉、金钻、翡翠宝石。

形　　态：叶片呈长圆形，有光泽，革质，绿色，每片叶子的寿命长达30个月。

自然花期：11～12月。

适宜温度：25～32℃，冬季温度最好在10℃以上。

花盆推荐：泥盆、陶盆、塑料盆等。

介质推荐：可以将泥炭、珍珠岩按照1∶1的比例混合配制。

生长管理	一月	二月	三月	四月	五月	六月	七月	八月	九月	十月	十一月	十二月
施肥（薄肥勤施）	不施肥			每月施肥水2～3次，忌偏施氮肥								不施肥
浇水	每周浇水1次		每周浇水2～3次									每周浇水1次
光照	半阴或有散射光处											
繁育			分株		扦插							

135

花叶鸭脚木

 微肥　 喜湿　 散射光　 中性土壤

旺家摆放　植株较为紧密，树冠整齐优美，可以摆放在客厅、书房或者阳台，观赏价值较高。

花　　语： 自然、和谐。

别　　称： 花叶鹅掌柴。

形　　态： 叶片革质，呈长卵圆形或椭圆形。掌状复叶，绿色，叶面具不规则乳黄色至浅黄色斑块，叶色随光线的强弱产生不同的变化，光强时叶色浅，半阴时叶色浓绿。在明亮的光照下，斑叶种的色彩更加鲜艳。

自然花期： 11～12月。

适宜温度： 20～30℃，冬季不要低于5℃，0℃以下就会冻伤。

花盆推荐： 泥盆、紫砂盆、塑料盆等。

介质推荐： 可以将泥炭土、腐叶土和粗沙按照1∶1∶1的比例混合配制。

生长管理	一月	二月	三月	四月	五月	六月	七月	八月	九月	十月	十一月	十二月
施肥	不施肥			每月施2次稀薄腐熟的饼肥水							不施肥	
浇水（雨水、池塘水最佳）	每周浇水1次		每隔3～4天浇水1次			每天浇水1次			每隔3～4天浇水1次			每周浇水1次
光照	全日照、半日照或半阴环境下均能生长											
繁育			播种	扦插								

椒 草

微肥　喜湿　散射光　中性土壤

可以摆放在茶几、装饰柜、书桌上，十分美丽，或任枝条蔓延垂下于门厅柜，或悬吊于室内窗前或浴室处，清新悦目。

花　　语：中立公正、雅致。

别　　称：豆瓣绿、翡翠椒草、青叶碧玉。

形　　态：叶簇生，近肉质，倒卵形，灰绿色底有深绿色脉纹。穗状花序，花为灰白色，可作为小型盆栽。

自然花期：3~4月。

适宜温度：25℃左右，过冬温度不要低于10℃。

花盆推荐：泥盆、塑料盆、白瓷盆等。

介质推荐：可用腐叶土、泥炭土加部分珍珠岩或沙混合配制。

生长管理	一月	二月	三月	四月	五月	六月	七月	八月	九月	十月	十一月	十二月
施肥	不施肥		每半月施1次复合肥									不施肥
浇水（雨水、池塘水最佳）	每周浇水1次		隔天浇水1次		每天浇水1次，天气炎热时应对叶面喷水					隔天浇水1次		每周浇水1次
光照	有散射光处											
繁育				扦插				分株				

睫毛秋海棠

 微肥　 微湿　 散射光　 中性土壤

旺家摆放　　睫毛秋海棠花形娇小，叶色柔媚。可以点缀客厅、橱窗或装点家庭窗台、阳台、茶几。

花　　语：快乐、聪慧。

别　　称：点叶秋海棠。

形　　态：叶片两侧不相等，呈卵形，边缘有大小不等和不规则三角形浅齿，上面呈深绿色，下面呈淡绿色，叶脉较为明显，有棱。聚伞状花序，花为粉红色。

自然花期：7～9月。

适宜温度：16～24℃，冬季温度最好在10℃左右。

花盆推荐：泥盆、紫砂盆等。

介质推荐：可以将腐叶土、沙土按照7：3的比例配制。

生长管理	一月	二月	三月	四月	五月	六月	七月	八月	九月	十月	十一月	十二月
施肥（薄肥勤施）	每月施1次稀薄液肥			每隔10～15天施1次腐熟发酵豆饼水								不施肥
浇水（雨水、池塘水最佳）	每周浇水1次，保持盆土略干		隔天浇水1次，保持盆土略湿			每周浇水1次，保持盆土略干			每周浇水1～2次			每周浇水1次，保持盆土略干
光照	向阳处				适当遮阴						向阳处	
繁育			分株	播种			播种					

金钱树

 微肥　 微湿　 半阴　 中性土壤

旺家摆放　金钱树树苗生长比较慢，可以放在宽阔的客厅、书房、阳台等地方，能让家居环境显得格调高雅、质朴，并带有南国情调。

花　　语: 招财进宝、荣华富贵。

别　　称: 学名: 雪铁芋，又称泽米芋、美铁芋、龙凤木。

形　　态: 小叶肉质，有短小的叶柄，叶色浓绿，羽状复叶自块茎顶端抽生，叶柄基部膨大，木质化，花瘦小，呈浅绿色。

自然花期: 12月至翌年2月。

适宜温度: 20～32℃，最低不能低于5℃，最高不能高于35℃。

花盆推荐: 泥盆、紫砂盆等。

介质推荐: 可以将泥炭、粗沙或冲洗过的煤渣与少量园土混合配制。

生长管理	一月	二月	三月	四月	五月	六月	七月	八月	九月	十月	十一月	十二月
施肥	不施肥			每月浇施2～3次稀薄腐熟液肥加0.1%的磷酸二氢钾混合液							不施肥	
浇水（雨水、池塘水最佳）	隔周浇水1次		每周浇水2～3次				每天浇水1次，如果温度过高，还需要给植株喷水		每周浇水2～3次		隔周浇水1次	
光照	向阳处		遮光50%								向阳处	
繁育			分株									

冷水花

微肥　　喜湿　　喜光　　中性或者微酸性土壤

旺家摆放

　　冷水花适应性强，株丛小巧素雅，叶色绿白分明，纹理清晰，纹型美丽，清雅宜人。适于摆放在书房、卧室，也可悬吊于窗前，绿叶垂下，妩媚可爱。

冷水花原产于东南亚，生长旺盛，叶片纹路奇特。如果想让冷水花叶片纹路保持靓丽，最好的办法就是遮光。在强日照情况下，冷水花的叶片会泛黄，斑块也会变得不明显，降低观赏性。因此，在半日照时，冷水花的叶片纹路颜色最美丽。

花　　语：浪漫。

别　　称：透明草、透白草、铝叶草、白雪草。

形　　态：叶片纸质，呈狭卵形、卵状披针形或卵形，边缘下部至先端有浅锯齿，上面深绿，有光泽，下面浅绿色，叶柄纤细。花序自叶腋间抽生，花序梗呈淡褐色，半透明，顶生聚伞花序，花为白色或者粉色。

自然花期：6~9月。

适宜温度：15~25℃，冬季不可低于5℃。

花盆推荐：泥盆、紫砂盆等。

介质推荐：可以将腐叶土、泥炭土、河沙按照1：1：1的比例混合配制。

生长管理	一月	二月	三月	四月	五月	六月	七月	八月	九月	十月	十一月	十二月
施肥	不施肥		每半月施1次复合肥							增施1次磷、钾肥		
浇水（雨水、池塘水最佳）	每周浇水2~3次					经常向叶面喷水				每周浇水2~3次		
光照	向阳处					适当遮阴				向阳处		
繁育				扦插						扦插		

龙血树

 微肥　　 耐旱　　 喜光　　 中性或微酸性土壤

旺家摆放　　　植物叶姿优美，有一定的耐旱力，可以摆放在客厅、书房等处，观赏价值较高。

142

龙血树原产于非洲西部的加那利群岛，之所以叫龙血树，因为树木受伤后流出的液体是血红色的，这种液体叫做"血竭"，是一种名贵的药材，可用于缓解筋骨痛。此外，据相关资料显示，龙血树还是世界上最长寿的树木，在非洲的俄尔他岛上，一棵龙血树活了8000岁，是目前已知的世上最长寿的树木。

花　　　语：延年益寿、佑护子孙。

别　　　称：狭叶龙血树、长花龙血树、不才树等。

形　　　态：叶呈长剑形，厚纸质，叶面常有各种斑点和条纹。圆锥花序，花被为圆筒状或者漏斗状，开白色小花，散发芳香。茎干能够分泌鲜红色的树脂。

自然花期：11～12月。

适宜温度：15～30℃，越冬温度为15℃以上，最低不要低于10℃。

花盆推荐：泥盆、陶盆等。

介质推荐：可以用腐叶土、河沙、园土按照1∶1∶2的比例混合配制。

生长管理	一月	二月	三月	四月	五月	六月	七月	八月	九月	十月	十一月	十二月
施肥	不施肥		每月施复合肥1～2次									不施肥
浇水	每10～15天浇水1次		每周浇水1～2次			每天浇水1次，可以适当喷水			每周浇水1～2次			10～15天浇水1次
光照	阳光充足处					遮阴50%			光线明亮处			
繁育					扦插							

143

罗汉松

 微肥　 耐旱　 散射光　 中性或微酸性土壤

旺家摆放　　　罗汉松树形古雅，种子与种柄组合奇特，惹人喜爱，可以摆放在客厅的茶几、书房的书桌或者窗台上，非常美观。

花　　语：刚直、长寿。

别　　称：罗汉杉、土杉、金钱松、仙柏、江南柏等。

形　　态：叶螺旋状着生，条状披针形，有光泽，上面深绿色，下面带白色、灰绿色或淡绿色。种子呈卵圆形，熟时皮呈紫黑色，有白粉，种为肉质呈圆柱形，花为红色或紫红色。

自然花期：4~5月。

适宜温度：20～30℃，最低不要低于10℃。

花盆推荐：泥盆、紫砂盆等。

介质推荐：可以用腐叶土、河沙、园土按照1∶1∶1的比例混合配制。

生长管理	一月	二月	三月	四月	五月	六月	七月	八月	九月	十月	十一月	十二月
施肥	不施肥		每2个月施肥1次，可以使用复合肥									不施肥
浇水	隔周浇水1次		每周浇水1~2次			隔天浇水1次			每周浇水1~2次			隔周浇水1次
光照	向阳处					半阴处			向阳处			
繁育			扦插						播种	扦插		

彩虹竹芋

微肥　　喜湿　　半阴　　微酸性土壤

旺家摆放　　彩虹竹芋叶色珍奇美丽，是家庭小客室理想的装饰珍品，适合摆放在客厅、书房等处，让居室显得独具异国风情。

花　　语：诱惑。

别　　称：红玫瑰竹芋、红背竹芋等。

形　　态：叶呈椭圆形或卵圆形，稍厚带革质，光滑而富有光泽，叶面呈青绿色，叶脉和沿叶缘呈黄色条纹，近叶缘处有一圈玫瑰色或银白色环形斑纹，如同一条彩虹，因此而得名。

适宜温度：18～25℃，冬季温度不要低于15℃，10℃以下地上部分死亡。

花盆推荐：泥盆、紫砂盆、塑料盆等。

介质推荐：可以将腐殖土、堆肥、河沙按照3∶3∶1的比例混合配制。

生长管理	一月	二月	三月	四月	五月	六月	七月	八月	九月	十月	十一月	十二月
施肥	不施肥		每月施薄肥1次，中间可以间隔追施氮磷钾肥									不施肥
浇水	每周浇水1次		隔天浇水1次			每天浇水1次，经常向叶面喷水						每周浇水1次
光照	阳光充足处				半阴处							阳光充足处
繁育			分株									

南洋杉

喜暖湿　不耐干旱　半阴　　　微酸性土壤
　　　　不耐寒　阳光充足处

旺家摆放 　南洋杉是珍贵的室内盆栽装饰树种，可以摆放在室内客厅或者书房点缀装饰，显得十分高雅。

花　　语：高尚。

别　　称：澳洲杉、鳞叶南洋杉、塔形南洋杉等。

形　　态：树皮呈灰褐色或暗灰色，大枝平展或斜伸，幼树冠尖塔形，成树则呈平顶状，侧身小枝密生，下垂，近羽状排列。花单生枝顶，呈圆柱形，球果为卵形或椭圆形。

自然花期：6月。

适宜温度：25～30℃，过冬温度不要低于10℃。

花盆推荐：泥盆、陶盆等。

介质推荐：选择疏松肥沃、腐殖质含量较高、排水透气性强的培养土。

生长管理	一月	二月	三月	四月	五月	六月	七月	八月	九月	十月	十一月	十二月
施肥	每月追施1～2次腐熟的稀薄有机液肥和钙肥									停止施肥		
浇水（雨水、池塘水最佳）	每周浇水2～3次						每周浇水1～2次			每周浇水1次		
光照	阳光充足处						适当遮阴			阳光充足处		
繁育	扦插											

鸟巢蕨

 微肥　 喜湿　 散射光　 中性土壤

 旺家摆放　　盆栽的小型植株可以布置明亮的客厅、书房或者卧室，显得小巧玲珑、端庄美丽。

花　　语： 吉祥、富贵、清香长绿。

别　　称： 巢蕨、山苏花、王冠蕨等。

形　　态： 根状茎直立，粗短，木质，深棕色。先端密被鳞片，先端渐尖，全缘，薄膜质，深棕色，稍有光泽。

自然花期： 5月。

适宜温度： 22～27℃，最低温度不要低于5℃。

花盆推荐： 泥盆、陶盆、紫砂盆等。

介质推荐： 泥炭土或腐叶土。

生长管理	一月	二月	三月	四月	五月	六月	七月	八月	九月	十月	十一月	十二月
施肥（薄肥勤施）	停止施肥		每半月浇施1次氮、磷、钾均衡的薄肥							停止施肥		
浇水（雨水、池塘水最佳）	每10～15日浇水1次				每天浇水1次，高温季节向叶面喷水2～3次					每10～15日浇水1次		
光照	室内光线明亮处				适当遮阴					室内光线明亮处		
繁育			分株									

蓬莱松

 微肥　 喜湿　 散射光　 中性土壤

旺家摆放　　蓬莱松苍劲挺拔，古朴质素。最适宜在客厅摆放，有着象征吉祥如意的意思。

花　　语：长寿。

别　　称：绣球松、水松、松叶文竹、松叶天门冬。

形　　态：小枝纤细，叶呈短松针状，簇生成团，极似五针松叶，新叶为翠绿色，老叶为深绿色，叶呈片状或刺状，新叶呈鲜绿色。花为淡红色至白色，有香气。

自然花期：7~8月。

适宜温度：20~30℃，最低温度不能低于5℃。

花盆推荐：泥盆、紫砂盆、陶盆等。

介质推荐：熟化的田园土、腐叶土，掺适量沙土使用。

生长管理	一月	二月	三月	四月	五月	六月	七月	八月	九月	十月	十一月	十二月
施肥	每半个月施肥1次，以氮钾肥为主									每15天追施1次氮肥和钾肥		
浇水（雨水、池塘水最佳）	每周浇水1~2次		每天浇水1次							每周浇水1~2次		
光照	光线明亮处			适当遮阴						光线明亮处		
繁育			分株						播种			

151

平安树

 微肥　 微湿　 喜光　 中性土壤

旺家摆放　　植株本身较为高大，造型独特，可以摆放在客厅、书房或者光线充足的阳台，寓意吉祥，万事顺利。

花　　语：祈求平安、合家幸福。

别　　称：兰屿肉桂、大叶肉桂、台湾肉桂、红头山肉桂。

形　　态：叶对生，呈卵圆形至长圆状卵圆形，革质，两面无毛，细脉两面明显，呈浅蜂巢状网结，果为卵球形。

适宜温度：20～30℃，最低温度不要低于5℃。

花盆推荐：泥盆、紫砂盆、塑料盆等。

介质推荐：腐叶土和细沙按照2：1的比例配制。

生长管理	一月	二月	三月	四月	五月	六月	七月	八月	九月	十月	十一月	十二月
施肥	每月施1次稀薄的饼肥水							追施2次0.3%的磷酸二氢钾溶液		不施肥		
浇水（雨水、池塘水最佳）	隔周浇水1次			4天左右浇1次透水						隔周浇水1次		
光照	光线明亮处			适当遮阴						光线明亮处		
繁育				扦插				播种、扦插				

千年木 微肥 耐旱 喜光 中性土壤

旺家摆放 盆栽幼株可以点缀客室和窗台，优雅别致。成片摆放在客厅出入处，端庄整齐，清新悦目。

花　　语： 青春永驻、赏心悦目。

别　　称： 红竹、朱蕉等。

形　　态： 叶聚生于茎顶，呈披针状椭圆形或长圆形，顶端渐尖，基部渐狭，呈绿色或紫红色，绚丽多变。花为淡红色至青紫色，间有淡黄色。

自然花期： 5~6月。

适宜温度： 20~25℃，最低温度不要低于0℃。

花盆推荐： 泥盆、紫砂盆、塑料盆等。

介质推荐： 腐叶土或泥炭土和培养土、粗沙等量混合配制。

生长管理	一月	二月	三月	四月	五月	六月	七月	八月	九月	十月	十一月	十二月
施肥（薄肥勤施）	每月施1次钾含量高的复合肥			每半月施1次复合肥							每月施1次钾含量高的复合肥	
浇水（雨水、池塘水最佳）	每周浇水1次			每天浇水1次，高温季节可以每天向叶面喷水							每周浇水1次	
光照	阳光充足处			适当遮阴							阳光充足处	
繁育					压条		扦插		播种	扦插		

青苹果竹芋

微肥 微湿 半阴 微酸性土壤

用中小型精致陶瓷盆栽种，可以做一般居家的客厅、书房、卧室摆设。

花　　语：纯洁的爱、真挚。

别　　称：圆叶竹芋。

形　　态：植株较为高大，叶柄为浅褐紫色为，叶片呈圆形或近圆形，叶缘呈波状，叶背面为淡绿泛浅紫色，穗状花序。

自然花期：6~7月。

适宜温度：18~30℃，最低温度不要低于10℃。

花盆推荐：泥盆、紫砂盆、陶盆等。

介质推荐：选用富含有机质的酸性腐叶土或泥炭土。

生长管理	一月	二月	三月	四月	五月	六月	七月	八月	九月	十月	十一月	十二月
施肥	每周浇施稀薄有机肥1次					气温高于32℃时，应停止施肥			温度低于18℃，应停止追施			
浇水（雨水、池塘水最佳）	每周浇水1次					每天浇水1次			每周浇水1次			
光照	室内阳光充足处					适当遮阴			室内阳光充足处			
繁育				扦插								

肾　蕨

 微肥　 微湿　 半阴　 中性或微酸性砂壤土

旺家摆放　　可以填补室内空间，摆放在窗边和明亮的房间内，可长久地栽培观赏。当然，也可以用做吊盆式栽培，别有一番情趣。

156

花　　语： 殷实的朋友。

别　　称： 圆羊齿、篦子草、凤凰蛋、蜈蚣草、石黄皮等。

自然花期： 叶簇生，呈暗褐色，略有光泽，上面有纵沟，下面呈圆形，呈线状披针形或狭披针形，先端短尖、钝圆或有时为急尖头，基部呈心脏形，通常不对称。

适宜温度： 18～30℃，最低温度不要低于5℃。

花盆推荐： 泥盆、紫砂盆、陶盆等。

介质推荐： 腐叶土或泥炭土加少量园土混合配制。

生长管理	一月	二月	三月	四月	五月	六月	七月	八月	九月	十月	十一月	十二月
施肥（薄肥勤施）	每半月施1次稀薄饼肥水		不施肥		每半个月施1次稀薄饼肥水					每月施1次稀薄饼肥水		
浇水（雨水、池塘水最佳）	每周浇水1～2次		每天需要给叶面喷雾1～3次		每天浇水，高温季节每天向叶面喷洒清水2～3次					每周浇水1～2次		
光照	阳光充足处		适当遮阴							阳光充足处		
繁育	分株											

铜钱草

 微肥　 喜湿　 散射光　 中性至微酸性土壤

可使用盆栽或吊盆栽培在室内，让家居显得清新自然，心情轻松愉快。

花　　语：财源滚滚。

别　　称：学名：中华天胡荽，又名地弹花等。

形　　态：茎顶端呈褐色，叶较小，掌状浅裂，叶片呈圆盾形，缘呈波状、草绿色。伞形花序，开白粉色小花。

自然花期：4月。

适宜温度：10～25℃，最低不要低于5℃。

花盆推荐：泥盆、紫砂盆、陶盆等。

介质推荐：腐叶、河泥、园土所配成的混合基质。

生长管理	一月	二月	三月	四月	五月	六月	七月	八月	九月	十月	十一月	十二月
施肥（薄肥勤施）	每2～3周施肥1次，以稀薄腐熟麻渣水为佳				不施肥							
浇水（雨水、池塘水最佳）	每2～3天浇水1次			每天浇水1次						每2～3天浇水1次		
光照	阳光充足处		适当遮阴						阳光充足处			
繁育			分株									

文 竹

 微肥　 微湿　 散射光　 微酸性土壤

旺家摆放　适合摆放在客厅、茶几或者书房，也是插花、花篮等极好的常用陪衬材料。

花　　语： 象征永恒，朋友纯洁的心，永远不变，爱情地久天长。

别　　称： 云片松、刺天冬、云竹等。

形　　态： 支根纤细，质较柔韧，不易折断，断面呈黄白色，气微香，味苦。叶状枝有小枝，绿色，主茎上的鳞片多呈刺状，开白绿色小花。

自然花期： 7~8月。

适宜温度： 15~25℃，最低温度不要低于10℃。

花盆推荐： 泥盆、紫砂盆等。

介质推荐： 腐叶土或泥炭土、培养土、粗沙等量混合配制。

生长管理	一月	二月	三月	四月	五月	六月	七月	八月	九月	十月	十一月	十二月
施肥（薄肥勤施）	每10天可施1次稀薄液肥				每月施腐熟的有机液肥1次							
浇水（雨水、池塘水最佳）	每周浇水1次				早晚浇水1次，高温季节每天向叶面喷水1~2次					每周浇水1次		
光照	阳光充足处				适当遮阴					阳光充足处		
繁育	播种	分株										

橡皮树

 微肥　 喜湿　 喜光　 中性土壤

 旺家摆放　　橡皮树是著名的盆栽观叶植物，中小型植株常用来美化客厅、书房，具有异国热带风情。

花　　语：稳重、诚实、信任、万古长青。

别　　称：印度橡皮树、红缅树、红嘴橡皮树。

形　　态：叶片为单叶互生，呈长椭圆形，厚革质，亮绿色，侧脉多而平行，幼嫩叶呈红色，叶柄粗壮。

自然花期：5～7月。

适宜温度：20～25℃，最低温度不能低于5℃。

花盆推荐：泥盆、紫砂盆、陶盆等。

介质推荐：园土、腐叶土及细沙等材料配制，同时掺入少量农家肥做基肥。

生长管理	一月	二月	三月	四月	五月	六月	七月	八月	九月	十月	十一月	十二月
施肥	停止施肥		每半个月使用1次复合肥							停止施肥		
浇水（雨水、池塘水最佳）	每周浇水1次		早晚浇水1次，高温季节每天向叶面喷水1～2次							每周浇水1次		
光照	阳光充足处		适当遮阴							阳光充足处		
繁育			扦插					播种				

袖珍椰子

 微肥　 微湿　 半阴　中性土壤

旺家摆放

十分适宜做室内中小型盆栽，可以摆放在客厅、书房等处，增添热带风情的气氛和韵味。

花　　语： 象征代表生命力。

别　　称： 矮生椰子、袖珍棕、矮棕等。

形　　态： 叶着生于枝干顶，羽状全裂，裂片呈披针形，深绿色，有光泽，如蜡制品。肉穗花序，开黄色花，呈小球状。

自然花期： 3~4月。

适宜温度： 20~32℃，最低温度不要低于5℃。

花盆推荐： 泥盆、紫砂盆、陶盆等。

介质推荐： 腐叶土泥炭土加1/4河沙和少量基肥培制作为基质。

生长管理	一月	二月	三月	四月	五月	六月	七月	八月	九月	十月	十一月	十二月
施肥（薄肥勤施）	每月施1次稀薄液肥								不施肥			
浇水（雨水、池塘水最佳）	每周浇水1次			每天浇水1次，高温季节浇水2次					2/3的盆土干后再浇水			
光照	阳光充足处			适当遮阴					阳光充足处			
繁育	播种	分株							播种			

鸭脚木

 喜肥　 喜湿　 散射光　 中性至微酸性土壤

旺家摆放　　盆栽可以布置客室、书房和卧室，具有浓厚的时代气息，能给家庭带来新鲜的空气。

花　　语：自然、和谐。

别　　称：鹅掌柴、吉祥树。

形　　态：小叶片为纸质至革质，呈椭圆形、长圆状椭圆形或倒卵状椭圆形。圆锥花序顶生，开白色小花。

自然花期：6~8月。

适宜温度：16~27℃，冬季温度不能低于0℃。

花盆推荐：泥盆、陶盆、塑料盆等。

介质推荐：选用泥炭土、腐叶土加一点基肥或者沙土都可以栽培。

生长管理	一月	二月	三月	四月	五月	六月	七月	八月	九月	十月	十一月	十二月
施肥	每月施1次稀薄腐熟的饼肥水				每1~2周施1次液肥					每月施1次稀薄的饼肥水		
浇水（雨水、池塘水最佳）	每隔3~4天浇水1次			隔天浇水1次		每隔3~4天浇水1次				隔天浇水1次		
光照	放置在半阴处，每天4小时阳光直射					70%遮阳网遮阴				不需遮光		
繁育				扦插	播种	扦插						

雅丽皇后

喜肥　　喜湿　　散射光　微酸至中性土壤

　　植株本身造型独特，四季常绿，适合摆放在客厅、书房等处，增添生机与活力。

花　　语: 高贵。

别　　称: 银后粗肋草。

形　　态: 植株直立，叶片呈披针形，革质，锐尖，叶呈深绿色。中肋两侧具银灰色大块条状斑块，叶缘与中脉处为暗绿色。

适宜温度: 20~27℃，冬季温度不要低于10℃。

花盆推荐: 泥盆、紫砂盆等。

介质推荐: 将腐叶土、河沙按照1:1的比例混合配制。

生长管理	一月	二月	三月	四月	五月	六月	七月	八月	九月	十月	十一月	十二月
施肥	不施肥		每两周施1次复合肥						每月施1次稀薄腐熟饼肥水			
浇水（雨水、池塘水最佳）	每周浇水1~2次		每天或者隔天浇水1次						每周浇水1~2次			
光照	阳光充足处		遮光、避免烈日暴晒						阳光充足处			
繁育	分株		扦插									

棕　竹

 微肥　 喜湿　 半阴　 微酸性土壤

 旺家摆放

适宜摆放在客厅、窗前、书房的半阴处，作为家庭常绿植物装饰。

花　　语：节节高升、平安。

别　　称：观音竹、筋头竹、棕榈竹、矮棕竹。

形　　态：茎干直立，茎纤细如手指，不分枝，有叶节，包以褐色网状纤维的叶鞘。总花序梗，花药呈心形或心状长圆形，开黄色小花。

自然花期：4~5月。

适宜温度：10~30℃，冬季温度不低于0℃。

花盆推荐：泥盆、紫砂盆、陶盆等。

介质推荐：可以用园土、腐叶土和河沙等量混合配制。

生长管理	一月	二月	三月	四月	五月	六月	七月	八月	九月	十月	十一月	十二月
施肥	每月施1~2次氮肥									不施肥		
浇水（雨水、池塘水最佳）	每周浇水1~2次				早晚各浇水1次，并向叶面喷水					每周浇水1~2次		
光照	阳光充足处			室内遮阴处						阳光充足处		
繁育				分株								

红网纹草

 微肥　 喜湿　 喜阴　 微酸性土壤

旺家摆放 盆栽或吊盆可以摆放在书桌、茶几或窗台，制作盆景或箱景观赏，别具一格。

花　　语： 理性、睿智。

别　　称： 网纹草、深红网草等。

形　　态： 红网纹草为爵床科的多年生草本植物，呈匍匐状，直脉呈红色，为主要观赏性植物，开黄色小花。

自然花期： 4～6月。

适宜温度： 18～30℃，冬季温度最低不要低于5℃。

花盆推荐： 泥盆、陶盆、塑料盆等。

介质推荐： 泥炭、沙子和腐叶各1份混合配制。

生长管理	一月	二月	三月	四月	五月	六月	七月	八月	九月	十月	十一月	十二月
施肥	不施肥			每月施2次稀薄腐熟液肥								不施肥
浇水（雨水、池塘水最佳）	每周浇水1～2次			每天浇水1次，可以经常向叶面喷雾，阴雨天不浇水						每周浇水1～2次		
光照	阳光充足处			室内遮阴70%						阳光充足处		
繁育						扦插						

紫叶榛

 微肥   耐旱   喜光   酸性土壤

旺家摆放 植株本身造型独特，常年呈紫红色，可以摆放在室内客厅、书房、窗台等处，增添居室艺术气息。

花　　语：寻觅幸福。

形　　态：灌木或小乔木，有深紫色的心形叶，叶片春、夏、秋三季均呈紫红色。

自然花期：4～5月。

适宜温度：18～30℃，冬季温度最低不要低于5℃。

花盆推荐：泥盆、陶盆、塑料盆等。

介质推荐：可以用园土、腐叶土和河沙等量混合配制。

生长管理	一月	二月	三月	四月	五月	六月	七月	八月	九月	十月	十一月	十二月
施肥	不施肥		每周施薄肥1次尿素肥，中间可以间隔追施氮磷钾肥									不施肥
浇水	每周浇水1次		隔天浇水1次			每天浇水1次，经常向叶面喷水						每周浇水1次
光照	阳光充足处				半阴处							阳光充足处
繁育		分株										

铁甲秋海棠

 微肥　 微湿　 散射光　 中性土壤

旺家摆放 植株本身独树一帜，盆栽可以点缀客厅、橱窗或装点家庭窗台、阳台、茶几。

花　　语：离愁别绪、温和。

别　　称：铁十字秋海棠、马蹄秋海棠、毛叶秋海棠。

形　　态：叶质厚，斜长圆形至长圆状卵形，基部心形，叶缘波状，有无数圆白点。叶表面为灰绿色，具银白色圆斑玉边缘。叶背面呈暗红色，花萼呈红色，花瓣为粉红色或白色。

自然花期：5~7月。

适宜温度：16~24℃，冬季温度最好在10℃左右。

花盆推荐：泥盆、紫砂盆等。

介质推荐：可以将腐叶土、沙土按照7：3的比例配制。

生长管理	一月	二月	三月	四月	五月	六月	七月	八月	九月	十月	十一月	十二月
施肥	不施肥		每周施1次腐熟稀薄饼肥水						每周施1次稀薄饼水肥			
浇水（雨水、池塘水最佳）	每周浇水1次，保持盆土略干			隔天浇水1次，保持盆土略湿					每周浇水1次，保持盆土略干			每周浇水1次，保持盆土略干
光照	向阳处			适当遮阴					向阳处			
繁育			分株									

铁线蕨

 微肥　 喜湿　 半阴　 中性土壤

 旺家摆放　　小盆栽可以摆放在书桌和茶几上，较大盆栽可以用来布置背阴房间的窗台、过道或客厅。

花　　语：雅致、娇柔。

别　　称：铁丝草、铁线草。

形　　态：根状茎细长横走，密被棕色披针形鳞片，叶片呈卵状三角形，互生，有柄，基部呈楔形。

适宜温度：13～22℃，冬季越冬温度为5℃。

花盆推荐：泥盆、紫砂盆、塑料盆等。

介质推荐：可以用园土、腐叶土和河沙等量混合配制。

生长管理	一月	二月	三月	四月	五月	六月	七月	八月	九月	十月	十一月	十二月
施肥	每半月施1次稀薄腐熟的有机肥									不施肥		
浇水（雨水、池塘水最佳）	每周浇水1～2次			每天浇水1～2次						每周浇水1～2次		
光照	室内光线明亮处			室内遮阴处						室内光线明亮处		
繁育	分株			分株			分株					

169

竹 柏

 微肥　 微湿　 散射光　 微酸性的土壤

旺家摆放 植株较为紧密，树冠整齐优美，可以摆放在客厅、书房或者阳台，观赏价值较高。

花　　语： 清秀。

别　　称： 罗汉柴、大果竹柏、山杉等。

形　　态： 叶对生，革质，长卵形或披针状椭圆形，有多数并列的细脉。上面呈深绿色，有光泽；下面为浅绿色。穗呈圆柱形，开淡黄色小花。

自然花期： 3~4月。

适宜温度： 18~26℃，越冬温度在10℃左右。

花盆推荐： 泥盆、紫砂盆等。

介质推荐： 可以将泥炭、珍珠岩按照1:1的比例混合配制。

生长管理	一月	二月	三月	四月	五月	六月	七月	八月	九月	十月	十一月	十二月
施肥	不施肥		每半月施1次腐熟有机肥								不施肥	
浇水（雨水、池塘水最佳）	隔周浇水1次		每天浇水1次，高温时期可以每天向植株喷雾							每周浇水1次		隔周浇水1次
光照	阳光充足处					适当遮阴				阳光充足处		
繁育		播种	扦插					扦插		播种		

绿 萝

喜肥　微湿　散射光　中性的土壤

　可把它放在书房、窗台较高处，任其蔓茎从容下垂，宛如翠色浮雕。也可以在水中培养，作为居室精致小装饰，非常适合摆放在新装修好的居室中。

花　语：坚韧善良，守望幸福。

别　称：黄金葛、桑叶等。

形　态：绿萝藤长数米，随生长年龄的增加，茎也会随之增粗，叶片也会越来越大。叶片薄革质，呈翠绿色，有不规则的纯黄色斑块。

适宜温度：18～26℃，最低温度不要低于0℃。

花盆推荐：泥盆、塑料盆等。

介质推荐：可以用园土、腐叶土和河沙等量混合配制。

生长管理	一月	二月	三月	四月	五月	六月	七月	八月	九月	十月	十一月	十二月
施肥	不施肥		每2周施1次氮磷钾复合肥，或者每周喷施0.2%的磷酸二氢钾溶液									不施肥
浇水	每周浇水1次		每天浇水1次，高温季节可以每天向叶面喷水多次							每周浇水1～2次		
光照	室内明亮的散射光处				适当遮阴					室内明亮的散射光处		
繁育						扦插						

171

长寿花

微肥　耐旱　喜光　中性沙质土壤

由于植株小巧玲珑，株型紧凑，花朵密集，在冬春季摆放在室内非常美观。可以放在客厅或者阳台，也可以放在书房橱窗，整体观赏效果非常好。

花　　语：大吉大利、长命百岁、福寿吉庆、长寿安康。

别　　称：学名：圣诞伽蓝花，别名寿星花、家乐花、伽兰花。

形　　态：对生卵圆形叶片，肉质，亮绿色，边缘略带红色。花朵呈圆锥聚散形，每株大约有5～7个花序，共60～250朵小花，花色有粉红色、绯红色、橙红色。

自然花期：1～4月。

适宜温度：15～25℃，最低不能低于5℃，以免叶片发红，最高不能高于30℃，容易停止生长。

花盆推荐：泥盆、紫砂盆、塑料盆等。

介质推荐：可以将腐叶土、粗沙、谷壳炭按照2：2：1的比例调制。

生长管理	一月	二月	三月	四月	五月	六月	七月	八月	九月	十月	十一月	十二月
施肥	每月施1次稀薄腐熟有机肥					不施肥			每月施1次稀薄磷钾肥			
浇水（雨水、池塘水最佳）	7天浇水1次		3天浇水1次，保持土壤略湿			5～7天浇水1次，避免雨淋			3天浇水1次，保持土壤略湿			7天浇水1次
光照	向阳处					中午放在稍荫蔽处			向阳处			
繁育					扦插				扦插			

紫 薇

 喜肥   耐旱   喜光 🌱 弱酸性土壤

紫薇枝繁叶茂，色艳而穗繁，如火如荼，令人精神振奋，可以摆放在朝阳的客厅、书房、阳台等处。

花　　语: 沉迷的爱、好运。

别　　称: 百日红、无皮树、满堂红。

形　　态: 纸质叶片，对生或者互生，椭圆形或者倒卵形。圆锥花絮顶生，花萼较长，外表平滑无棱，裂片呈三角形，花瓣片有淡红色、紫色、白色等。

自然花期: 6~9月。

适宜温度: 15~30℃，冬季温度低于零下时，需要注意保护。

花盆推荐: 泥盆、陶盆、紫砂盆等。

介质推荐: 可以将疏松的山土、田园土、细河沙按照5:3:2的比例混合配制。

生长管理	一月	二月	三月	四月	五月	六月	七月	八月	九月	十月	十一月	十二月
施肥	施1次有机肥，饼肥最好		10天施1次氮磷钾肥			半个月施1次饼肥，高温的中午不要施肥			10天施1次氮磷钾肥			施1次有机肥，饼肥最好
浇水	保持盆土湿润，可以每2天或者每天浇水1次，但避免水涝					每天早、晚各浇水1次，自来水最好放置2~3天再浇						每2天或者每天浇水1次
光照	向阳处					室外阳光处						
繁育			播种	扦插		扦插			分株			

唐 印

微肥　耐旱　喜光　中性沙质土壤

旺家摆放

　　本身叶片大、叶色美，株形也很漂亮，是观叶佳品，可以摆放在通风、凉爽的客厅、书房、卧室等处，增强观赏效果。

花　　语： 希望、理想。

别　　称： 牛舌羊吊钟。

形　　态： 茎较为粗壮，灰白色，叶片为肉质，倒卵形，先端钝圆，呈淡绿色或黄绿色，被有浓厚的白粉，看上去呈灰绿色，开黄色小花。

自然花期： 3~4月。

适宜温度： 16~28℃，也能在3~5℃低温生存，但夏季温度不要高于32℃。

花盆推荐： 泥盆、陶盆。

介质推荐： 将泥炭、蛭石、珍珠岩按照1：1：1的比例配制。

生长管理	一月	二月	三月	四月	五月	六月	七月	八月	九月	十月	十一月	十二月
施肥	不施肥		每10天左右施1次腐熟的薄肥			不施肥			每10天左右施1次腐熟的薄肥			不施肥
浇水（雨水、池塘水最佳）	每周浇水1次，保持盆土干燥		每周浇水2~3次，保持土壤湿润			每周浇水1次，控制浇水，防止腐烂			每周浇水2~3次，保持土壤湿润			每周浇水1次，保持盆土干燥
光照	向阳处					荫蔽、凉爽处			向阳处			
繁育			扦插						扦插			

Part 4
花开不败的
栽培方法

光照——植物必需的生长要素

没有光照，植物就无法进行光合作用，从而无法正常发育生长。因此，必须有足够的光照，植物才能顺利生长，它是植物生长的保障因素。

光照会随着一些因素的变化而有所变化，如纬度越高，光照强度会减弱；海拔升高，光照强度会增强；四季中，夏季光照强度最大，冬季最弱。

以北京为例，夏季时光照最强，我们常建议大家要给花草适当遮阴。到了冬季，光照强度减弱时，则会建议大家放到南阳台处给予充足光照。

但并不是所有花卉对日照的需求度都一样，有的花卉对日照需求时间长，称之为长日照花卉，以此类推，还有短日照花卉、日中性花卉。

1. 长日照花卉：如茉莉、石榴、荷花、凤仙花、紫罗兰等，每天至少有12小时光照，它们才能顺利开花，这些花卉都是喜光的花卉。

2. 短日照花卉：如一品红、蟹爪兰、八仙花等，他们对日照的需求小于12小时，一般是入秋后才开花，夏季日照时间长时，只生长不开花。

3. 日中性花卉：日照长短无所谓，光照充足或半阴均可，都能正常开花，如月季花、天竺葵、马蹄莲等。

浇水——植物最基本的生长要素

水 质

自来水是多数家庭最常用也是最方便的浇花用水，使用前要注意日晒，使水中氯气挥发后再使用。淘米水、茶水不适宜直接用来浇花，需要将这些水收集起来密封酸腐后再稀释浇花。鱼缸中的水经过软化，且含有氮等养分，这种稀薄的肥水尤其适合浇花。如果家中养了杜鹃、茶花、桂花等喜欢酸性环境的植物，除了上面提到的几种浇花用水，最好适时在浇花用水中加些硫酸亚铁。硫酸亚铁在花卉市场可以买到，注意避光保存，随用随配，避免氧化。

水 温

平时浇花用水的水温一定要高于或等于土温或气温，一般通过晒水来提高水温。夏季高温的正午不宜浇花，避免因水温低使处在高温状态的土壤和根系猝然降温而伤害花木根系。杜鹃等花木对水温敏感，如果用低温的水来浇花，骤然改变它的土温，不久就会有花叶凋谢。

浇水时间

每日浇花的时间虽然四季都有不同，但一般在早晨、下午或傍晚。最好上午10点以前浇水，尤其是高温的夏季，10点至16点土温很高，低温水容易伤根，而且蒸发量大，会让植物犹如置身于蒸汽中。

浇水原则

浇水原则一般根据植物特性不同而有所不同，基本分干透浇透、见干浇透、宁湿勿干和干湿交替四种。

干透浇透是指等盆土完全干透了再浇水，要浇到盆底有少量水渗出，一般适用于耐旱怕涝的植物，比如芦荟、虎皮兰、龙舌兰及许多多肉植物。

见干浇透是指盆土表面干了就要浇水，浇到盆底有少量水渗出，一般适用于喜水怕旱的植物，比如玻璃翠、米兰、长春花等。

宁湿勿干适用于半水半土的植物，比如铜钱草，此类植物特别怕旱，所以要经常浇水，保持盆土湿润。

干湿交替一般是在盆土基本上全干但还有一丝潮气，没有完全干透的情况下浇水，这种方法的优点在于，植物既不会因土壤长期潮湿呼吸不畅而烂根，也不会因长期干旱而萎蔫。

施肥——茁壮成长的必要条件

家庭栽种的植物与地栽植物不同，它只能从少量的盆土中吸收有限的养分，而且浇水时也免不了一些肥料的流失，因此极易造成植物营养不良，影响观赏价值。施肥是栽花种草的关键环节，可以通过补充土壤中的营养物质，及时满足植物生长发育过程中对营养元素的需求。

根据季节施肥

施肥的基本原则是"适时、适量"。

春夏季是花卉生长的旺季，这期间植株生长迅速，新陈代谢旺盛，需要较多的养分，应施用以氮肥为主的"三元素"（氮、磷、钾）肥料。

夏季过后，若继续施用氮肥，则不利植株发育，还易招致病、虫为害，故应停止施用氮肥。另外，由于夏季气温高，水分蒸发快，所以在施肥的时候，要减弱肥料的浓度，增加次数，也就是淡肥勤施。

秋季植株生长缓慢，需肥量减少，为了提高其抗寒越冬能力，可施少量磷、钾肥料，使植株强健，花色鲜艳。

冬季花卉进入休眠期，不要施肥，但冬季入室的部分盆花还可以继续生长，在这种情况下，可施少量的肥料，以满足植物的生长需要。

缓释肥

根据植株长势施肥

植物的长势不同，施肥要求也有所差异。健壮植株生理活动旺盛，生长快，吸收能力强，需要养分多，宜勤施氮肥；病弱株生长慢，新陈代谢不旺，吸收能力差，需肥少，可少施肥或不施肥。花卉也有"虚不受补"的问题，若土壤中养分浓度高，易造成反渗透，引起植株伤根死亡。

根据植物生长期施肥

在植物幼苗期，可以多施氮肥；而在蓓蕾期，植物需要大量养分，需施以磷、钾肥为主的肥料。开花时不宜施肥，以免过早萌发新枝，迫使花朵早谢，缩短花期。结果的植物在"坐果"后需大量养分，但在果实未坐稳时，不要施肥，以免造成

天竺葵

大量落果。待果实坐稳后，特别是果实膨大期，应施磷、钾肥，这不仅能使果实迅速长大，且有利于果柄粗壮，不易坠落。

根据植物种类施肥

不同种类的植物有不同的施肥需求，一般原则为观叶类花卉不能缺氮肥，观茎类花卉不能缺钾肥，观花和观果类花卉不能缺磷肥。菊花、大丽菊等大型花卉，在花期需要施适量的完全肥料，促使全面开花；杜鹃、栀子等喜酸性环境的花卉植物，切忌施用碱性肥料。

小贴士

1.换盆后的新栽植株根系多有损伤，吸收肥水能力弱，不能立即施肥，以免肥液刺激伤口，引起烂根，影响成活率。

2.施肥要掌握好时机和盆土干湿度，盆土稍干时施肥，肥液才会直接渗入土中，被根系吸收；如盆土过于干燥，在土与盆壁间出现缝隙时施肥，肥液会从缝隙间流失。而若在盆土太潮湿时施肥又容易引起植株烂根死亡。

3.除了购买肥料外，也可以自制些肥料，比如平时用剩下的豆腐渣，将其与10倍清水发酵10～20天，再加入清水混合浇灌花卉土壤，能很好地护花养花；啤酒以1：10的比例混合后，用来喷洒和擦拭叶片，能有很好的增肥效果，以1：50的比例浇花，也能让花卉得到充足的养分，生长旺盛。

防治——别让病虫害毁掉花草

受病虫害侵扰的花草绿植，不仅观赏价值会大大降低，对居家环境也有一定程度的损害。以防为主、综合防治是对待植物病虫害的基本原则，如果花草植物遭受病虫害，要及时处理。在此过程中，需要把握防治的技巧与方法。

常见病虫害

1.病害

叶部病害是家养植物中比较常见的一类病害，有叶斑病、黑斑病、炭疽病、疮痂病、灰霉病、白粉病、煤污病等，其共同特点是叶片上出现病斑，甚至有菌丝层，感染严重的叶片会逐渐变色、枯萎、脱落，有的叶部病害还能侵害嫩枝、花蕾等。植株因病害而生长势减弱，观赏性也受到影响。

根、茎病害中对植物影响较大的是腐烂病，严重时会造成植株死亡。其病因除病菌侵害外，往往还与栽培管理不当有关系，比如基质过湿就可能引起根腐，嫩枝受阳光、高温灼伤或冻伤则容易诱发茎腐。

2. 常见虫害

植物种植过程中，最容易出现蚜虫、介壳虫、粉虱、蓟马、叶蝉、网蝽、蚂蚁、红蜘蛛等虫害。这些害虫有些会刻伤植株的根、茎、叶、花、果，有些吸取花卉枝叶，导致花卉出现斑点、皱缩、变色。

病虫害防治方法

病虫害的防治应讲求"以防为主、综合防治"，具体方法包括：

1. 勿将有病虫的植物带回家，繁殖时也要选用无病虫的植物材料。

2. 改善植物所处的环境条件，如改善通风透光条件等，可降低部分介壳虫、蚜虫等虫害及不少病害发生的可能性。疏松土壤、控制浇水可减少根腐病发生的可能性。

3. 对于容易得病或经常得病的植物，应在例行发病季节之前用杀菌药剂预防。一旦发现家养植物有虫或有感染病害的征兆应尽早处理。

4. 根据已发生的病虫害类别，选购有针对性的低毒药剂进行防治。有条件的情况下，尽量用人工方法清除病虫，或喷涂自制"药剂"治病杀虫。例如用软毛刷刷去依附在植株枝叶上的介壳虫；用烟叶水或很淡的肥皂水洗刷蚜虫、叶螨；剪除和清除枯萎或染病的枝、叶、花，还要及时清除脱落的枯枝败叶，防止病菌滋生蔓延。

清洁——花草也需要经常洗澡

鸟巢蕨

花草是有灵气的生命体，跟居室清洁一样，花卉也需要进行清洁处理，才会更好的展现活力。如果花草的枝干、叶片、花朵上布满了灰尘，不仅会堵塞气孔，影响植物的正常呼吸，也会对整个居室也会产生不好影响。所以，要经常或定期地对植物进行清洁。

植物的方法清洁大致有三种：用清水直接喷洗、用毛笔刷轻刷以及用布直接擦拭。

用清水喷洗植物可以清除植物表面灰尘，增加空气湿度，冲走一些害虫，还能有效避免花朵过早凋谢，但并非所有植物都可以用清水直接喷洗。

适合喷水清洁的植物有棕榈、杜鹃、兰花、棕竹、茶花、珠兰、马蹄莲、铁线蕨、鸟巢蕨、文竹、合果芋、松树、柏树等。

不适合喷水清洗的植物有桃树、梅树、榆树、紫薇、石榴等落叶花卉，喷洒清洁容易减少它们的开花数量，使花朵减退颜色。而仙人掌、仙人球、石刁柏、宝石花、景天、麻黄、龙舌兰等多浆植物，也不易进行喷洒，容易造成积水，使叶片腐烂。

对于一些叶片较大的植物，可以用干净的抹布轻轻擦拭叶片，或者用毛笔刷轻轻地将叶片表层的灰土刷干净即可，如非洲茉莉、滴水观音等。如果花卉上沾了油污，可以用稀释后的洗洁精擦拭，或者用食醋清洁。

上盆——让花草有个好的生长环境

上盆是指第一次把植物幼苗栽入盆内的工作，上盆的方法是否正确，与今后能否养活养好植物有很大关系。在合适的时间，用恰当的方法将幼苗植入正确的花盆中，可以让花草有个良好的生长环境。

上盆时间

上盆时间一般根据花草植物的品种不同来确定，落叶花木在11月下旬至翌年3月中旬上盆，即在落叶而未萌发前上盆；常绿花木的移植在10月中旬至11月下旬或3月中旬进行，除以上期限外，临时也可上盆，但须谨慎操作，严加管理。

上盆方法

1. 花盆的选择

上盆时选用的花盆，口径要与花苗枝叶的冠径大致相等，太大或太小都不好。花盆太小，容易头重脚轻，及不相衬，根系也难以舒展；花盆太大，盆土持水过多，而植株叶面积小，水分蒸发慢不易干燥，影响根系呼吸，甚至导致烂根。

关于花盆的材质，瓦盆和红陶盆，透气性、透水性好，价格低廉，规格齐全，适合家庭使用；紫砂盆、瓷盆制作精巧，古朴大方，但透气性、透水性不及瓦盆；塑料盆轻巧，但排水、透气性能较差。

2. 修剪

即将上盆的花木，要修剪掉过长和受伤的根系，再剪去地上部分某些过长的枝叶，其目的是减少水分蒸发使其与根系基本平衡，使上盆后容易成活。

3. 栽植

灌土前要在盆底孔洞上铺窗纱，这样可防止蚂蚁、蚯蚓等钻入。然后用一块碎盆片盖去洞眼的一半，用另一块碎盆片斜搭在前一片的上面，成"人"字形，这样可以防止下雨或者浇水过多造成积水，影响花卉生长，还有助于洞眼

通气，以免花卉根部窒息。一些名贵的花木，如兰花，上盆时在盆底增放一些碎瓦渣、木炭等吸水物以利渗水。然后要在碎盆片或煤屑渣上铺一层粗烂泥，再铺上一层细泥，这样不仅有利于排水通气，也有利于花卉根系伸展自如。

接着，就可以将花卉放入盆中央，扶正后将培养土慢慢加入四周，在加到一半时用手指将土轻轻压紧，使花卉的根系与土密接。重复此过程，最终盆土的容量应保持离盆外沿2厘米左右，以保日后浇水、施肥不至外溢。放好盆土后应用细竹签在盆边捣实。上盆时还要注意盆苗的姿态，主干、树冠要正直，深浅、位置要适当。

4. 浇水

上盆完毕，应马上浇水，第一次浇水要浇透，让盆内的土全部吸足水。然后放置在室外庇荫处10～15天，在叶片上也要喷水，增加环境湿度，减少枝叶水分蒸发。等到植物服盆恢复生机后，再将喜阳的移到有阳光的地方，喜阴的转入室内。在服盆的期间，不要施追肥，要等到植物开始生长时，再施肥，原则是宁淡勿浓。

换盆——花草的乔迁之喜

换盆是将盆栽的植株由原盆移入另一盆的技术，随着植物生长，根系布满盆内，而老根已无吸水吸肥的功能，有时盆底排水孔也伸出幼根，这时就需要更换大点儿的花盆。此外，植株生长基本成形，盆土中营养欠缺，土质变劣，需要更新土壤，这种情况可仍将植株栽入原盆或稍大一些的花盆。

换盆周期

换盆不用年年进行，可根据植株的生长状态确定换盆时间。一般1～2年生的花草植物生长快，在其生长过程中须换1～2次，茉莉、扶桑、金橘、米兰、月季花等可每隔1～2年换盆1次；大的木本盆栽植物，如白兰花、茶花、杜鹃花等，可2～3年甚至更长时间换1次。换盆时间宜在花卉休眠期和早春新芽萌动之前进行。

换盆方法

1. 换盆前1～2天要暂停浇水，以便使盆土与盆壁脱离。在换盆的时候，先用小竹片将盆壁周围土拨松，较小的花盆，可先倒过来，用左手托住盆土，右手轻磕盆沿，或用手指从盆底孔用力顶住垫孔瓦片就可使土团和花盆分离；较大的花盆可用双手把盆翻倒，将盆沿的一侧在地上磕几下，就可使土团脱离花盆。

2. 泥团脱出后，应抖掉一半的旧土，如果根的培养土紧抱成团，可用刀将土团削掉1/3。用手或竹签剔除一部分枯根，适当修去一些过长的根，然后种入比原盆稍大一点的花盆内，填入新的培养土，浇透水后遮阴1周。

小贴士

1.在换盆的时候，一般不宜去除过多的老根和原土。对一些常绿花木，如金橘、栀子花、橡皮树、五针松、铁树等，宜本着"宁少勿多"的原则，去除的老根和原土不要超过整个泥团的1/4。

2.换盆的时候，最好在春、秋两季的晴天进行。家庭养花的土壤来源一般比较紧张，所以翻盆时可以将旧土用高锰酸钾消毒，再加入新土或肥料继续使用。

松盆——让根系们深深呼吸

松盆又称松土，是有利于盆栽植物的空气流通，促使根系发育。室外的土壤往往养分充足，并且松软，主要因为有蚯蚓帮助它们松土，让土壤能够接触到更多的养分，而家养植物的土壤没有蚯蚓帮忙，只有通过人工松盆，才能增强盆土的透气性和透水性。对盆土进行疏松的同时又可清除杂草和青苔，有利于浇水和追肥，但松盆不慎，很容易会给花卉的根系造成伤害，所以松盆时一定要小心。

一般而言，松盆的主要有以下步骤：

1. 先用竹签沿着盆沿把土挑松，这种方式比较直接，注意在挑的过程中要不断转变方向，以免伤害植物根系。

2. 通过手拍打花盆壁的方式来松内部土壤，一只手握住花盆，另一只手不断地拍打花盆壁，均匀地拍打数圈，使花盆中的土壤变得松散。

3. 用钉耙疏松花盆表层的泥土，将筷子或竹签插入盆土中，顶到盆底的排水孔，把盆土顶松后，多次浇水，每次浇水不要多，等土壤湿润之后用钉耙进一步疏松盆土，直到盆土完全松动，不再板结。

Part 5

繁育方法

播种——静待一粒种子的萌发

播种，即采用种子繁殖的方法促生新苗生长。

播种前要做的几件事

1. 选好要种的种子，看看有没有过期。种子也有保质期吗？那是当然的。从采收到种植，因品种不同，每粒种子的寿命也是不同的。寿命最长的种子，采收3~5年（最短的一年）后仍能繁殖新苗。因此选种子时，尤其是袋装的那种，看看出厂日期。一般采收种子后会经过晾干、消毒处理，然后密封装袋，而大多数种子，只要从出场到种植不到一年，都能保证出芽率。

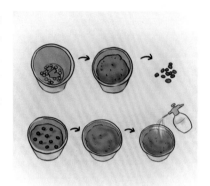

2. 筛选优秀的种子。现在的种子都是袋装密封的，在装入包装袋前，种子就已经被筛选好了，这一条可以略去。如果你的种子是自己采收的，那播种前要把种子里的种壳、沙子、石块等挑出去。

3. 必须进行消毒，个别品种要进行催芽。幼苗的抵抗力低，因此要做好防毒防菌工作，把种子放到高锰酸钾溶液中浸泡 2 小时，捞出后用清水冲净，然后放在阴凉通风处风干。对于个别品种的种子，如外壳比较坚硬的，不好发芽的，可以进行催芽。催芽可以用水浸泡，使种皮变柔软，也可以用锤子小力敲破种子外皮。

4. 选对播种时间。一般露地播种，多分春播和秋播。而室内花盆播种，只要温度适宜，一年四季均可以。

播种方法

播种方法有点播和撒播，对于比较大粒的种子可以点播，细小的种子则用撒播。

保持湿度

种子发芽必须有两个因素：湿度和温度，播种后要给盆土喷水，保持土壤湿度，如果温度不够，可在盆上覆盖一层塑料膜，等待种子发芽后再去掉塑料膜。

出苗后管理

出苗后，如果发现幼苗间距过于密集，可以拔疏花苗，等长出3片以上真叶后，就可以进行移栽了。

扦插——一根枝杈一棵苗

扦插是繁殖花苗的一种常用方法，相比较而言，也是相对省事的一种方法。

三种常见的扦插方法

1. 茎插：也叫枝杈，截取健康、易于出根的枝条，处理后插到土壤中，枝杈会生根变成一棵新的植株。

2. 叶插：即取下健康的叶片插到土壤中，叶片基部会生根长出幼苗，这就是叶插。此方法多用于多肉植物的繁殖。

3. 根插：即分离下部分根，处理干净，插入到土壤中，扦插后出芽长幼苗。

最适合的扦插介质

最适合用来扦插的介质应该是疏松、透气、透水性好的土壤。河沙、蛭石、锯末等按比例配置即可。

最适合扦插的季节

以北方为例，4~6月最适合扦插。湿度越大，各种致病菌活动越频繁，扦插成功率越低。因此扦插时要降低空气湿度，保持环境通风。

压条——与母体共生的繁殖方法

压条即把母株的一个分枝埋到土壤中，等其生根后从母株切离开，就变成了新的植株。压条的方法有好几种，许多家庭中最常用的只有两种，即堆土压条和高枝压条。

堆土压条：选母株上一根健康的枝条，刻出几处伤口，埋在土壤里，伤口处会萌发新植株，待新植株长到一定高度后，即可从母株上分离，移栽到其他盆器中。刻口一般根据需要和枝条的长度，简单点说，如果你想繁殖两棵新植株，可刻2~3个，要把失败概率计算在内。

高枝压条：高枝压条适合那种树木高，枝条不易弯曲的花木。在选好的枝条上做环剥，用塑料袋装上需要的土壤，包裹住环剥的部位，保持土壤湿润，等环剥处生根后，就可以剪掉枝杈，移栽到盆土中。

分株——从少到多的神奇转变

分株就是把植株的球茎、根茎、蘖芽等从母株上分割下来，变成独立的植株进行栽培。

分株分为全分法和半分法两种。

1. 全分法：全分法指的是把母株连根从土中拔出，把植株分成若干小株，分别栽种到盆器中，从一棵植株变成了多棵植株。

2. 半分法：半分即不把母株从土中拔出，只是把母株旁边的侧芽、幼株用刀砍下，分种到多个盆器中，变成多棵新植株。

全分法与半分法唯一的区别就是要不要把母株从土壤中连根拔起。

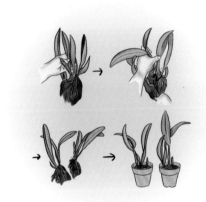

嫁接——有意义的新品种繁育

嫁接就是把需要种的花卉的枝和芽人工嫁接到另外一种花卉的茎干或根上，使他们成长为一个新的个体。嫁接主要分为芽接和枝接。

1. 芽接：就是取下稍带木质部的萌芽，把它插入到砧木中，牢固绑扎，使其愈合，成长为新的植株。

2. 枝接：就是取下带两三个萌芽的枝条，将其插入到砧木中，牢固绑扎，愈合后就变成新的植株。

Part 6
好盆、好土、好工具

花盆的选择

随着人们生活条件的改善，家庭栽花种草已成为一种时尚，但并不是所有人都能挑选出合适的花盆。好花有妙器相配才相宜，既能与所栽培的花草植物相匹配，又能达到预期的美化效果，这样的花盆才是我们所需要的。

花盆的种类 ◀

1. 素烧瓦盆

素烧瓦盆经济实用，因其盆壁上有许多细微孔隙，透气和渗水性能也很理想，这对盆土中肥料的分解、根系的呼吸和生长都有好处。通常来说新盆又比旧盆好，新盆不仅透水耐涝、缓和肥效，而且吸热快散热也快，有利于土壤中有机肥料的分解。

素烧瓦盆的缺点是色彩单调，造型不美，规格不多，表面粗糙且易破碎。选择时要注意，一般坚固耐用的瓦盆土坯细腻，声音清脆，表面光泽较好。

2. 塑料盆

塑料盆质料轻巧，使用方便，经久耐用，盆壁内外光洁，不仅换盆时磕土容易，也便于洗涤和消毒。塑料盆的缺点是不透气、不渗水，所以只适栽种耐水湿的花木，如龟背竹、马蹄莲，或较喜温的花木，如蕨类、吊兰、夜丁香等。

3. 釉盆

用上釉的花盆栽植花木，因盆外壁涂有色釉，不透气、不渗水，不易掌握盆土干湿情况，尤其在冬季休眠时，常因浇水过多，而使花木烂根死亡，因此不适于栽植花木。但由于其外表美观，外形多样，一般可做花木陈列的套盆用。

4. 红陶盆

红陶盆呈砖红色，朴素耐看。由于红陶盆在烧成时自然形成了细微密实气孔，保证了良好的透气性和极强的吸收能力，即使底部不开孔，也基本不影响其透气性，特别适合高档兰草及多肉植物等对透气性要求较高的花草植物。

圆形红陶盆　　　方形红陶盆

5. 树脂花盆

树脂花盆比较常见，形似塑料盆，是由树脂材料加工而成——我们通常所说的爱丽丝花盆就是其中一类。树脂花盆不怕摔、不易坏，且吸光性能好，透气性强，对水有较强的吸附性，可以使土壤保持较高的持水量，有利于花草植物的生长。

花盆的选择技巧

花盆大小有不同，材质有区分，人们可以根据各自的需要和审美观，选用不同的花盆栽花植木。一般的花盆选择技巧有：

（1）高型的筒类花盆，口小盆深，宜种紫藤、吊兰、爪兰、常青藤等悬垂式花木。盆器与长垂的枝蔓相衬，触目横斜，气壮意畅，富有诗情画意。

（2）杜鹃、米兰、海棠、石榴、瓜叶菊等丛生状花木，用大口而高矮适中的花盆最为适宜，花盆高度要根据盆花的高矮选择搭配，枝叶交错、绿红相济，显得丰满动人，脱俗雅致。

（3）特大型花盆，又称花缸，是铁树、棕榈等大型植物的栽种佳器。

（4）浅型的盆景盆适宜鹊梅、榆桩、五针松、鸟不宿、枫树的栽培，能突出曲折苍劲的盘根、枯荣相济的枝干、生机盎然的细叶，古雅飘逸，耐人寻味。

（5）微型的掌上花盆，小巧纤美，栽上文竹、仙人球之类花草，分外清新别致，娟秀娇柔。

小贴士

选择花盆时，除了在花盆材质上留心，也不能忽视了花盆底部的排水孔。排水孔就像植物的排泄口，排得太多，富含营养的泥土会流失；排不出去，会严重影响植物生长。即使是喜水的植物，排水不畅的话，也对根系生长有影响。正确的方式是，买回花盆后，用窗纱垫在花盆底部的排水孔上，再放土壤，这样就能避免浇水时泥土流失。

培养土的选择

培养土是指为了满足花草植物生长发育的需要，根据各类品种对土壤的不同要求，人工专门配制的土壤。培养土的优势主要是含有丰富养料、具有良好排水和通透性能、能保湿保肥、干燥时不龟裂、潮湿时不黏结、浇水后不结皮。酸碱度适宜，不含有害物质的培养土，最适合家庭花草植物的种植。

1.园土

园土是普通的栽培土，因经常施肥耕作，肥力较高，富含腐殖质，团粒结构好，是培养土的主要成分，用做栽培月季花、石榴及一般

椰砖

花草效果良好。但其缺点是干时表层易板结，湿时通气透水性差，不能单独使用。

2. 腐叶土

腐叶土是利用各种植物叶子、杂草等掺入园土，经腐烂而成的天然腐殖质土。土质疏松，呈酸性，需经曝晒后使用。

3. 河沙

河沙是培养土的基础材料，能够改善土壤的物理机构，增加土壤的通气排水功能，是培养土的基础材料。掺入一定比例河沙有利于植物通气排水，但其本身毫无肥力。

4. 泥炭

泥炭又叫草炭、泥炭土，含丰富的有机质，呈酸性，适用栽植耐酸性植物。泥炭本身有防腐作用，不易产生真菌，且含有胡敏酸，有刺激插条生根的作用。泥炭是古代埋藏在地下未完成腐烂分解的植物体，加入泥炭，有利于改善土壤结构。

泥炭土

5. 木屑

将木屑发酵后，掺入培养土中，能改善土壤的松散度和吸水性。木屑还能不同程度地中和土壤的酸碱度，有利于花木的生长。木屑具备盆栽花卉土壤要求的全部条件，可单独使用，但单独使用不易固定植株，因此多和其他植被混合使用，增加排水透气性。

6. 煤渣

煤渣的主要成分是二氧化硅、氧化铝、氧化铁、氧化钙、氧化镁等，是城市家庭栽花种草的良好材料。它透气性强，疏水性好，有利于根系发育，也有一定的保水保肥能力。尤其是新产生的煤渣，磷、钾的含量很高，且干净无病虫。

7. 草木灰

草木灰是稻草或其他杂草烧成后的灰，富含有机质钾肥，加入培养土中可使之排水良好，土壤疏松，但不能单独使用。

除了以上这几种最常用的，还有一些目前市场上比较流行的园艺栽培介质，见下表。

介质	优点	缺点
陶粒	质地轻，透气性好且不易破碎	多用于水培植物
蛭石	保水性、保肥性、透气性好	质地脆，容易破碎，不宜混在土中长期使用
珍珠岩	质地轻，排水性、透气性好，且不易分解	不能单独使用，如果培养土中珍珠岩过多，稳定植株的性能会下降
矽藻土	吸水性、保水性、保肥性均不错	多用于多肉植物的铺面土
水苔	无菌，排水性、透气性好，不易腐烂，富含有机质	如果单独用，时间长了容易跟植物根系混在一起，移栽时费事
赤玉土	无菌，保水性、排水性、透气性好	一般不单独使用
鹿沼土	保水性、排水性、透气性均好	混合在培养土中使用，长时间会破碎
椰砖	保水性好、质地轻	不含养分，不能单独使用，介质中所含的椰粉多可能会导致土壤沉积厉害
稻壳炭	质地轻，透气性好	易带病菌
虹彩石	含有长效缓释肥、颜色漂亮	只能做铺面土
盆底石	颗粒大，能增加介质间隙，利于通风透水	只限于用做盆底石

花铲——最常用的小工具

对于爱花人士来说，有一套质地精良、功能齐全的养花工具，是非常有必要的。花铲是最常用的小工具之一。在移苗时，不仅能够给花草植物松土、配土，在挖坑、换盆时，也需要用到。

有经验的人一般都有简单适用的花铲，选择花铲时一定要以实用为主，美观与否是其次。不等边锐角三角形的花铲是基本选择，这样的形状会使花铲入土时比较省力，也能挖出比较完整的土球。根据移植的花苗大小不同，所需的花铲比例也不同，但一般长宽比以15：1为佳，可以较好地适应各种需求。最好选用不锈钢材料的花铲，这种材料表面光滑，不会生锈也不易黏土，方便使用后的清理。

如果有条件，自制花铲也是不错的选择。选择一节30cm×2.5cm×2.5cm的不锈钢角钢，以及长度为10cm、直径为2.5cm的塑料管。将角钢的一头截断

花铲

面对两边，分别加工成30°、40°的两个斜边，并将两斜边磨出铲刃，做成锐角三角形状的铲尖刃。然后将角钢的另一头弯曲，插入塑料管内，用木楔填充固定，打磨光滑即可。自己制作花铲，不仅能更符合使用要求，也能体现栽花种草过程的"原始乐趣"。

喷壶——观叶植物常用

喷壶是观叶植物常用的基本工具，喷水的部分像莲蓬，有许多小孔。一般在花卉市场直接购买，也可家庭自制。

喷壶大小要根据植物株型大小来选择，如果家里栽培的是小型观赏植物，可以选择小喷壶；但如果是大型观赏植物，最好选择容积大些的喷壶，保证可以盛装足够的水，避免二次浇灌。壶嘴较长的喷壶比较省力、方便浇灌，也可以选择喷嘴能够随意拆卸的款型，这样既方便喷洒叶片，也方便浇灌土壤。

家庭自制喷壶既方便又省事，而且节约环保。家里废弃的带嘴、带把的塑料饮料瓶、塑料油桶、调味料桶、水桶等，都可以改装成喷壶。比如在塑料饮料瓶的瓶盖上用烧热的尖刀戳几个眼，便可以做一个简易的喷壶；也可以使用家里本来就有的水壶，安装上一个喷头，更方便省事。

对于室内的观叶类植物，可以每天喷水两次，能有效防止叶面上积累灰尘影响植物的光合作用，同时也减少大叶植物的水分蒸发。

花剪——修剪形态工具

花剪是花草植物修剪形态的必要工具，园林专用的花剪种类众多，修枝剪、高枝剪、草坪剪、整篱剪等都比较常见，但除修枝剪外，其余几种一般用于草坪、绿篱的修剪，家庭并不常用，在此不做过多介绍。

修枝剪是整形修剪过程中最常用的工具，主要用于修剪较小和中等粗细的枝条，一般仅可单手操作，少数可双手操作。选购修枝剪时主要看剪刀的小刀和弹簧的质量。修枝剪的剪刀要锋利，软硬适度，软的不耐用，易卷刃，而硬的则容易造成缺口或断裂。弹簧的软硬也要适度，太软撑不开剪口，太硬用起来费力。弹簧的长度以能撑开剪口而又不易脱落为好，开张的角度也不能过大，以能用手拎住为宜。修枝剪还要求轻便灵活，造型美观。

为便于操作和节省劳力，修枝剪的刀片应经常保持锋利，使用钝了就应及时磨好。磨剪时只磨剪刃外面的斜面，不必磨剪托，以防剪口不吻合。不要把剪口的螺丝拧开来磨，否则剪口容易滑动，易造成剪刀不吻合。新买的修枝剪，一定要先开刃后使用，而且第一次开刃时一定要磨平，第一次磨偏了以后不容易校正。剪子不用的时候，要用黄油或凡士林涂抹后用油纸包好，以防生锈。

花剪

挂篮——家居装饰花草最常用

挂篮是家居装饰花草时常用的小工具，一般用来盛装垂吊植物，悬挂在墙壁、柱廊，甚至晾衣架等地方，形成很好的立体效果。

挂篮类型

1. 悬挂式的挂篮

悬挂式的挂篮在布置时，通常用吊钩悬挂于门前、廊下或架子上。这种布置方式既不影响主人在下面的活动，也不占用面积，还能使空间更加生动。需要特别注意的是悬挂的可靠性、安全性。吊钩要确认牢固，吊篮则尽量轻盈，并且最好具有蓄水功能，以免浇水时弄脏地面。

2. 壁挂式挂篮

壁挂式挂篮通常呈半圆形，材质常为塑胶或红陶，也可用铁艺花架来搭配。即便是没有栽种花草，精美的壁挂篮也能为墙面起到很好的装饰作用。

适合用挂篮搭配的植物类型

1. "勤花类"蔓性植物

矮牵牛和天竺葵是勤花类蔓性植物的代表，它们通常喜欢阳光，四季都毫不懈怠地绽放小巧精致、繁密茂盛的花朵，非常容易形成花球，搭配挂篮装点居室，显得活泼生动。

2. 枝叶繁茂的观叶品种

常春藤、吊兰、绿萝是这类花草的代表植物，它们通常生长迅速，枝叶繁茂，四季常青，而且有一定耐阴性，非常适合搭配挂篮悬于室内观赏。

3. 非蔓性植物

非蔓性植物虽然直立生长，可是一样有着优美的姿态、繁密的花朵，因此也适合种在吊篮之中，比如非洲凤仙、四季海棠、波士顿蕨、空气凤梨等。

其他工具汇总

在准备家庭栽花种草所用的工具时，除上述介绍的必备小零件外，其余的要根据具体需求购买，忌讳一次购全，工具则可以根据所选择的花木随时增加。

1. 小镐：小镐主要用来松土、翻土，如果没有的话，也可以用小耙代替，或者把金属丝弯曲成耙状使用。在使用的过程中，一定要小心，不要伤到花卉的根茎。

2. 园艺手套：园艺手套在栽花种草的过程中也经常用到，可以防止栽种植物时手被刺伤，以及配备肥料时伤到手上的皮肤。

3. 竹夹子：竹夹子主要用于移植或嫁接带刺的花卉或小苗。在使用的时候，注意不要太大力，以免伤害到花草植物。

4. 花架：花架主要供一些攀缘植物攀岩使用，也能够支撑花朵较大的花卉植物。

5. 筛子：在配置培养土的时候经常用到筛子来过滤培养土。

6. 种子瓶：种子瓶一般密封性较好，用来储存种植花草植物时剩余的种子。

7. 小陶罐：小陶罐一般用来储存一些制作肥料的原材料，以免发出异味。

家庭栽花、种草总体来说没有什么危险性，但是使用的工具一定要妥善保存，避免误伤到人。尤其是有小孩子的家庭，一定要将这些小工具放到孩子够不到的地方，以免造成伤害。

常见室内观赏盆栽分类

目前，室内的观赏盆栽，主要分为观花类、观叶类、观果类三种，各个种类所包含的植株也是各具特点的。

1. 观花类：也就是观花植物，重点观赏部位是花型、花色等，如蝴蝶兰、大花蕙兰、牡丹、大丽花、月季花、菊花等。

2. 观叶类：俗称的观叶植物，主要观赏叶形、叶色，或者是全株独特的造型，如龟背竹、文竹、南洋杉、合果芋、袖珍椰子、变叶木等。还有香草类植物和多肉植物也应算在观叶植物中，不同的是香草类植物会有特殊的香气，观赏的同时还能感受到沁人心脾的气味。而多肉植物主要欣赏其萌态，肉嘟嘟超级可爱，而且养起来简单，非常适合紧张忙碌的都市人。

3. 观果类：俗称观果植物，以观赏果实为重点，如金橘、佛手、柠檬、五彩椒等。

197

阳性花卉与阴性花卉

1. 阳性花卉：多数的开花结果植物都属于阳性花卉。石榴、玉兰、九里香、无花果等，几乎多肉类植物都是阳性花卉，如芦荟、仙人球等。水生花卉绝大部分也都是阳性花卉，如荷花、睡莲等。

阳性花卉对光照的时间需求多，如果光照不足，他们会枝叶细长瘦弱、徒长严重，对于那些开花结果的植物，则会不开花、不结果，或是所结的果实较小。

2. 阴性花卉：绝大多数观叶植物都属于阴性花卉，如文竹、万年青、龟背竹、常春藤、绿萝、吊兰等；还有部分喜欢散射光的花卉，如大岩桐、玉簪、秋海棠等也是阴性花卉。阴性花卉的特点是不需要太强烈、时间太长的光照，比较喜欢散射光和半阴环境，一旦光照过强，会使植株茎叶枯黄，生长变缓慢，严重时会死亡。

除了以上两种，还有一种中性花卉，他们不喜欢太强烈的光照，也不喜欢过于隐蔽的环境，散射光条件就能使其健康生长。如君子兰、马蹄莲、蟹爪莲、扶桑等都是中性花卉。

家庭盆栽开花时序

一年四季依据温度、光照的差别，会有不同品种的花卉盛开。您可以在选购花卉时，注意挑选一些时令花卉，如果您的家中栽培了某种花卉，也好在孕蕾开花期给予它更好地照顾。

1. 春季开花的盆栽：水仙、迎春、牡丹、芍药、月季花、连翘、郁金香、美女樱、虞美人、金鱼草、瓜叶菊、天竺葵、四季报春、矮牵牛、小金鱼草、玫瑰、贴梗海棠、垂丝海棠等。

春季开花的品种有些可以持续开到初夏，有些品种的花期则只有1个月左右，花开后就要孕育果实了。

2. 夏季开花的盆栽：茉莉、米兰、九里香、夜来香、木芙蓉、木槿、紫薇、夹竹桃、六月雪、美人蕉、五色梅、向日葵、蜀葵、鸡蛋花、葱兰、翠菊、鸡冠花、凤仙花、一串红、美兰菊等。

春夏是鲜花盛开的季节，很多的观花植物都在露地大面积的盛开，绚丽多姿，着实让人眼前一亮，无论走到哪里，都能看到绿油油的叶子和五彩缤纷的花朵，春夏是四季中花色最多的季节。

3. 秋季开花的盆栽：菊花、百日草、蛇目菊、石蒜、秋葵、双荚决明、孔雀草、万寿菊、桂花、大丽花等。

秋季慢慢开始变冷，但有些耐寒的花卉，搬进室内还是能开花到初冬，如大丽花。

4. 冬季开花的盆栽：蜡梅、茶梅、茶花、水仙花、仙客来、兰花、小苍兰等。

但目前的花卉都是温室培育，有很多品种都能够一年四季开花，但北方冬季仍是万物萧瑟的季节，开花植物比较少，但只要等一等，开花的春季马上就到来了！

花草的生物学特征分类

按照生物学特征，植物分为草本花卉、木本花卉、仙人掌与多浆多肉植物、草坪与地被植物。

草本植物

露地栽培的花草多是草本植物，草本植物分为一年生草本、二年生草本、多年生草本、球根草本、多年生常绿植物、水生花卉、蕨类植物等。

1. 一年生草本：鸡冠花、一串红、凤仙花，特点是当年春季播种、春夏开花，秋天枯死。

199

2. 二年生草本：虞美人、小金鱼草、三色堇、紫罗兰。特点是第一年秋季播种，来年春夏开花，花后枯死。

3. 多年生草本：菊花、萱草、蜀葵等，也称为宿根植物，夏秋开花，花后茎干枯死，但根还存留着，第二年春天地下根可以继续萌发新芽，长出新植株，继续开花。

4. 球根草本：每个季节都有开花的品种，如百合、小苍兰、郁金香、玉簪等。开花后，把地下球根挖出来保存好，第二年可以继续栽种开花。

5. 多年生常绿植物：这包括我们常说的观叶植物，大多数观叶植物都属于多年生常绿草本，如文竹、万年青、吊兰等。

6. 水生花卉：荷花、睡莲、王莲等，他们的根生长在水中或是沼泽地的泥塘中，开花后显露在水面上的部分枯死，泥塘中的根第二年继续萌发开花。

7. 蕨类植物：蕨类植物是近几年植物界的新宠，它们常年绿色，靠孢子繁殖，如铁线蕨、鸟巢蕨、肾蕨等。

木本植物

简单说就是茎干木质化，像树木一样的开花植物。包括落叶灌木、落叶乔木、落叶藤本、常绿灌木、常绿乔木、常绿藤本和竹类。

1. 落叶灌木：牡丹、合欢。

2. 落叶乔木：桃花、梅花。

3. 落叶藤本：紫藤、凌霄。

4. 常绿灌木：茉莉、九里香、含笑。

5. 常绿乔木：橡皮树、棕榈、南洋杉。

6. 常绿藤本：常春藤、夜来香、软枝黄蝉、绿萝。

7. 竹类：观音竹、凤尾竹。

仙人掌及多浆多肉植物

此类植物近两年非常火爆，指茎叶、根能储存大量水分，耐干旱、喜日照的植物。它们原产于非洲和美洲的干旱地区，雨季储存水分，旱季利用自身所储存的水分供给自己所用。

1. 仙人掌类：黄翁、金琥。

2. 多浆多肉类：玉龙观音、中斑莲花掌。

草坪与地被植物

用来做草地绿化的植物，各种草类，还有麦冬、鸢尾等都属于地被植物。

花卉名称首字母索引

花之语录索引

🌸 代表美好祝愿的花语

🌸 代表富贵的花语

🌸 代表长寿寓意的花语

🌸 代表品格寓意的花语

🌸 代表和谐自然的花语

雅致草堂
YAZHI CAOTANG

雅致草堂
YAZHI CAOTANG